わかる有機化学シリーズ 1

有機構造化学

齋藤勝裕 著

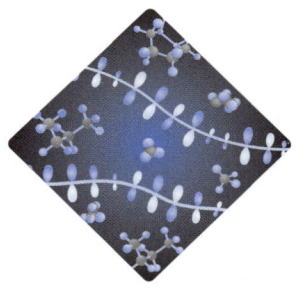

東京化学同人

イラスト 山田好浩

刊行にあたって

　有機化学は膨大な内容と精緻な骨格をもった学問分野であり，その姿は壮大なピラミッドに例えることができる．ピラミッドが無数の石を積み上げてできているように，有機化学もまた数々の知識と理論の積み重ねによってできている．

　『わかる有機化学シリーズ』は，このような有機化学の全貌を「有機構造化学」，「有機機能化学」，「有機スペクトル解析」，「有機合成化学」，「有機立体化学」の五つの分野について，それぞれまとめたものである．これらはいずれも有機化学の核となる分野であるので，本シリーズをマスターすれば，ピラミッドのように壮大な有機化学における基礎知識がしっかりと身についているはずだ．

　本シリーズの最大の特徴は，簡潔で明確な記述によって，有機化学の本質を的確に解説するように心掛けたことだ．さらに，図とイラストを用いて，"わかりやすく"，そして"楽しく"理解できるように工夫した．

　「学問に王道はない」という．しかし，それは学問の道が「茨の道」である，ということとは違う．茨は抜けばよいし，険しい道はなだらかにすればよい．そして，所々に花壇や噴水でもつくったら，学問の道も「楽しい散歩道」になるはずだ．そのような道を用意するのが，本シリーズの役割と心得ている．

　本シリーズを通じて，多くの読者の方々に，有機化学の面白みや楽しさをわかっていただきたいと願ってやまない．

　最後に，本シリーズの企画にあたり努力を惜しまれなかった東京化学同人の山田豊氏に感謝を捧げる．

2009 年 10 月

齋　藤　勝　裕

まえがき

　本書は「わかる有機化学シリーズ」の一環として，有機分子の構造とそれに基づいて現れる物性と反応性についてまとめたものである．これから有機構造化学を学ぼうとする方々に，是非，お手元においていただきたい一冊である．

　有機分子を構成する原子は炭素，水素を中心として，それに酸素，窒素，硫黄などが加わる程度であり，その種類は決して多くはない．しかしながら，有機分子の種類は無数といってよく，その構造も多様である．これは，有機分子を構成する共有結合の結合様式の多様性によってもたらされる．また，複数の有機分子が分子間に働く相互作用によって集合してできた，超分子とよばれる新たな構造体も生み出されている．このような有機分子の構造を理解するには，それらを構成する結合についての知識が必要になる．本書では，さまざまな有機分子の構造について，結合と関連させながら，代表的な例を取上げ，わかりやすく解説した．

　さらに，構造は有機分子のもつ物性や反応性に重要な影響を与える．特に，分子中での電子状態，すなわち電子構造は物性や反応性と密接なかかわりがある．分子の電子構造を理解するには，分子軌道法が強力な武器となる．そこで，分子軌道法を用い，視覚的な効果も交えながら，物性や反応性について簡潔に説明した．

　本書を通じて，一人でも多くの読者の方々に，新しい有機構造化学の世界と，その面白みを感じていただき，今後のステップとして役立てていただければ幸いである．

　最後に，本書刊行にあたりお世話になった東京化学同人の山田豊氏と，楽しいイラストを添えていただいた山田好浩氏に感謝申し上げる．

2010 年 2 月

齋　藤　勝　裕

目　　次

第Ⅰ部　有機構造化学を学ぶまえに

1章　有機分子を構成する結合 …………………………………… 3
1. 有機分子の構造と結合 ……………………………………… 3
2. 原子中の電子状態 …………………………………………… 4
3. 共有結合 ……………………………………………………… 7
4. 分子間相互作用の種類 ……………………………………… 12
5. 静電的相互作用 ……………………………………………… 13
6. 水素結合 ……………………………………………………… 16
7. その他の分子間相互作用 …………………………………… 18
　　コラム　共有結合のイオン性 …………………………… 11

第Ⅱ部　有機分子の構造

2章　有機分子の基本的な構造 ………………………………… 23
1. 炭化水素の構造 ……………………………………………… 23
2. 共役分子の構造 ……………………………………………… 25
3. 特殊な結合をもつ有機分子 ………………………………… 27
4. 炭素同素体の構造 …………………………………………… 29
5. ヘテロ原子を含む分子の構造 ……………………………… 31
6. イオンとラジカルの構造 …………………………………… 37

3章　有機分子の立体構造 ……………………………………… 41
1. 異性体の種類と構造異性体 ………………………………… 41

2. 立体配座異性体 ·· 44
　　3. 分子内相互作用と立体配座 ································ 47
　　4. シス-トランス異性体 ·· 51
　　5. エナンチオマー ·· 53
　　6. ジアステレオマー ·· 56
　　7. 新しい立体異性体 ·· 58
　　　　コラム　立体配座の命名法 ······························· 48

4章　超分子の構造 ·· 59
　　1. 分子結晶 ·· 59
　　2. 液　晶 ·· 62
　　3. 分子膜 ·· 65
　　4. 包接化合物 ·· 68
　　5. 集積型金属錯体 ·· 72
　　6. その他の超分子 ·· 76
　　　　コラム　錯形成反応 ·· 70

第Ⅲ部　有機分子と分子軌道

5章　有機分子の分子軌道 ·· 83
　　1. 分子軌道とは ·· 83
　　2. 分子軌道のエネルギー ······································ 86
　　3. 偶数炭素系の直鎖状共役分子 ···························· 89
　　4. 奇数炭素系の直鎖状共役分子 ···························· 92
　　5. 直鎖状共役ポリエン ·· 94
　　6. 環状共役分子 ·· 97
　　　　コラム　分子軌道の組立て方 ··························· 93

6章　分子軌道と反応性 ·· 99
　　1. 反応性指数 ·· 99
　　2. フロンティア分子軌道とは ······························ 103
　　3. 有機反応とフロンティア軌道 ·························· 104
　　4. 閉環反応の選択性 ·· 106
　　5. 閉環反応と軌道対称性 ···································· 108

6. 結合異性 ……………………………………………………………… 110
　7. 付加環化反応と軌道相互作用 ………………………………………… 111

第Ⅳ部　有機分子の物性

7章　物性と分子構造 …………………………………………………… 117
　1. 芳香族性 ……………………………………………………………… 117
　2. 発　色 ………………………………………………………………… 122
　3. 発　光 ………………………………………………………………… 125
　4. 有機超伝導体 ………………………………………………………… 129
　5. 有機磁性体 …………………………………………………………… 135
　　　コラム　身のまわりにおける発光現象 ……………………………… 128

索　引 ……………………………………………………………………… 139

I

有機構造化学を学ぶまえに

1 有機分子を構成する結合

　有機分子の構造と，それに基づいて現れる物性や反応性との間には密接なかかわりがある．**有機構造化学**（structural chemistry of organic molecules）はこれらの関連性を明らかにする分野である．

　有機分子は主要原子である炭素のほか，いく種類かの原子によって構成されており，結合様式の多様性を反映して，さまざまな構造のものが存在する．まず，ここでは有機分子の構造を考えるうえで重要となる結合について見てみよう．

1. 有機分子の構造と結合

　有機分子を構成する結合は，共有結合と分子間相互作用に大きく分けることができる．

共有結合と分子間相互作用

　有機分子を構成する主要な結合は"共有結合"である．炭素原子による共有結合では混成軌道を用いて，さまざまな構造をもつ有機分子をつくることができる（図1・1a）．共有結合の結合力は強いため，これらの分子構造は安定している．

　一方，複数個の有機分子が集まって，**超分子**（supermolecule）という新たな構造体をつくることができる（図1・1b）．超分子を形成する力となるものは，分子どうしに働く"分子間相互作用"である．分子間相互作用は

共有結合によって原子どうしを，分子間相互作用によって分子どうしを結び付ける．

超分子については，特に4章を参照のこと．

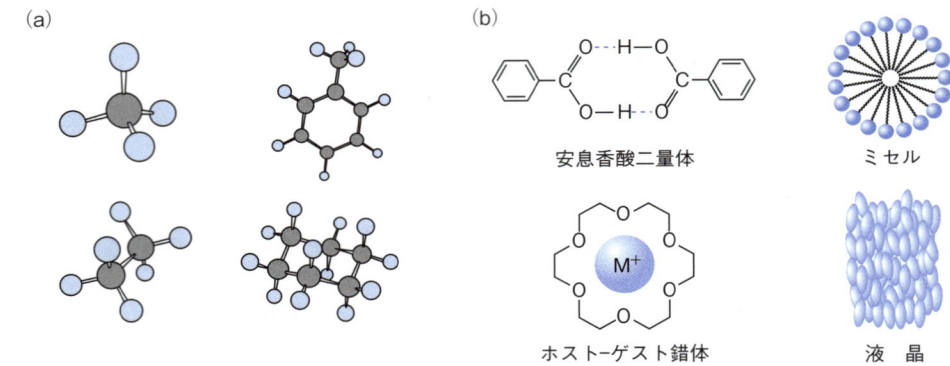

図 1・1 有機分子(a) および超分子(b) の例

弱い力であるために，分子どうしは緩やかに結合した状態をとる．このような分子間相互作用によって，安息香酸の二量体，ホスト−ゲスト錯体，球状構造をもつミセル，結晶と液体の中間のような液晶など，いろいろな超分子がつくられる．また，分子間相互作用にはいくつかの種類があり，たとえばタンパク質の立体構造はさまざまな分子間相互作用が関与してできている．

2. 原子中の電子状態

有機分子を構成する結合の形成には電子が関与している．ここでは，原子中の電子状態について簡単に見てみよう．

電子殻と軌道

原子は中心にある原子核と，それを取巻く電子雲からなる球状の粒子からなる．電子雲は複数個の電子からできており，それぞれの電子は**電子殻**（electron shell）に入っている（図 1・2）．電子殻は原子核のまわりに層状に存在し，原子核に近いものから順に K 殻, L 殻, M 殻などとよばれている．電子殻のエネルギーは K＜L＜M の順で高くなる．

さらに電子殻はいくつかの**軌道**（orbital）からなる．図 1・2 に示したように, K 殻は s 軌道, L 殻は s 軌道と p 軌道, M 殻は s, p, d 軌道からで

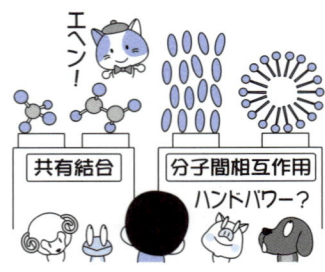

s 軌道は 1 種類, p 軌道は 3 種類, d 軌道は 5 種類ある（図 1・3 参照）.

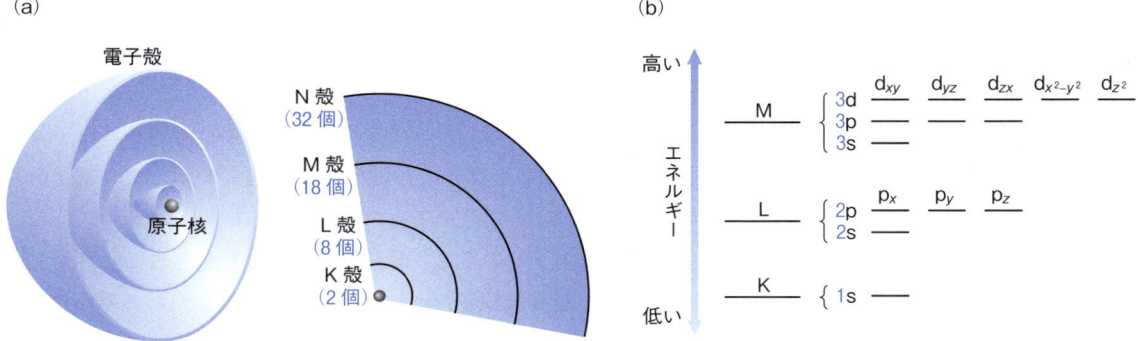

図1・2 電子殻の構造(a) および電子殻と軌道のエネルギーの関係(b)

きている．一般に，同じ電子殻に属する軌道のエネルギーは s＜p＜d の順で高くなる．

軌道の形

各軌道は特有の形をしている（図1・3）．ここでいう"軌道の形"とは，電子が原子核のまわりの空間に存在する確率を表したものである．

s 軌道は球形であり，p 軌道は二つの球がくっ付いたような形，d 軌道のほとんどは四つ葉のクローバーのような形をしている．p, d 軌道はどの

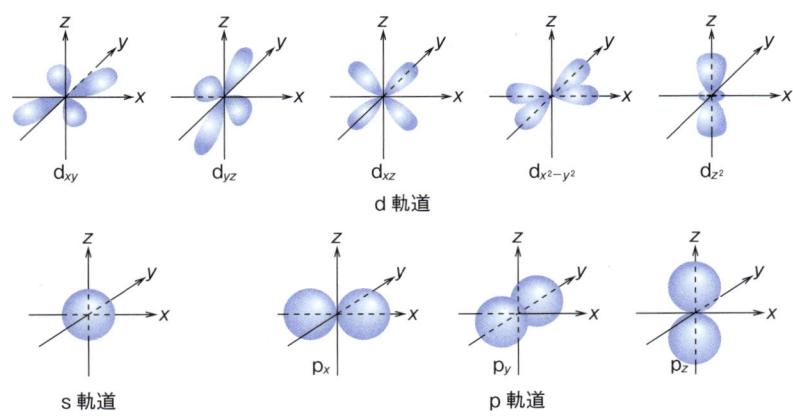

図1・3 原子軌道の形

方向を向くかの違いによってさらに区別されている．

電子配置

電子は自転（スピン）している．その方向には二通りあり，それぞれ上向き矢印と下向き矢印で表す．各軌道には2個の電子がスピン方向を逆にして入る．このため，K殻には2個，L殻には8個，M殻には18個の電子が入ることができる．

最外殻電子はその原子のイオンの価数を決めることがあるので，価電子といわれる．

電子の軌道への入り方を示したものを**電子配置**（electron configuration）という．図1・4には第2周期までの原子の電子配置を示した．電子配置は原子の物性，反応性などを決めるものである．

電子の入っている電子殻のうち，最も外側のものを最外殻といい，ここに入っている電子を**最外殻電子**（outermost shell electron）あるいは**価電子**（valence electron）という．たとえば，炭素原子の最外殻はL殻であり，s軌道とp軌道に4個の最外殻電子をもつ．ここで，ヘリウムやネオンのように，電子殻が電子で一杯になった状態を**閉殻構造**（closed shell）といい，その原子は特別の安定性をもつ．

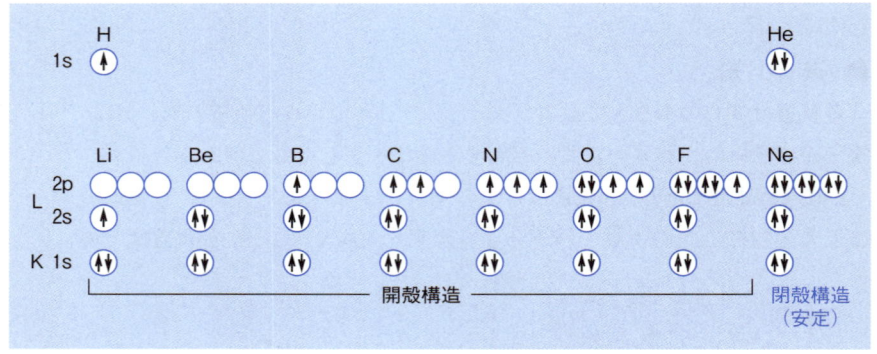

図 1・4　第 2 周期までの原子の電子配置

結合の形成には電子が関与する．

一つの軌道に2個入った電子を電子対というが，特に最外殻に入った電子対を**非共有電子対**（unshared electron pair）という．一方，一つの軌道に1個だけ入った電子を**不対電子**（unpaired electron）という．次節で見るように不対電子は共有結合の形成に関与し，非共有電子対は酸素や窒素などのヘテロ原子を含む配位結合や水素結合の形成に関与する．

3. 共 有 結 合

有機分子の骨格を形づくる結合は共有結合であり，有機分子の構造を考えるうえで大変重要である．ここでは，有機分子における共有結合がどのようなものであるのかを見てみよう．

原子価結合法

共有結合の形成を説明する方法には二通りある．ここでは水素原子から水素分子ができる例を取上げてみよう．

二つの水素原子どうしが近づいて，1個の不対電子をもつそれぞれの原子軌道が重なり合うことで結合が形成される（図1・5a）．このとき，重なり合った軌道に存在する1対の電子は原子核から静電的な引力を受け，これが結合力となって二つの水素原子を結び付ける．このように，**共有結合**（covalent bond）は原子どうしが不対電子を互いに出し合って，共有することによってできる結合である．

共有結合を説明する方法として，原子価結合法と分子軌道法がある．

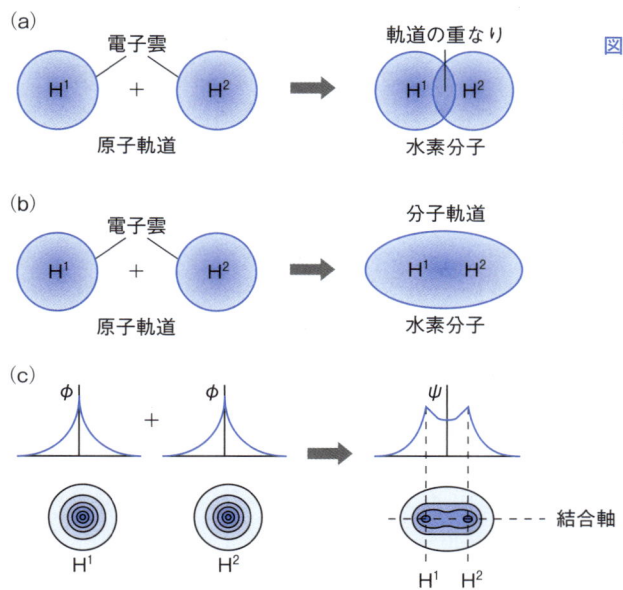

図1・5 **共有結合**．(a) 原子価結合法，(b) 分子軌道法，(c) 電子の存在確率．ϕ は原子軌道の波動関数，Ψ は分子軌道の波動関数

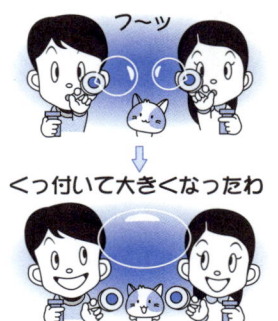

原子価結合法は分子を個々の原子が結合してできたものとして取扱うので直感的に理解しやすく，混成軌道による分子構造（後述）などについて説明するのに適している．

分子軌道法は定量的にはすぐれているが，分子全体を取扱うので膨大な計算を行う必要がある．しかし，共役分子などπ結合を複数含む分子に対しては分子軌道法が大きな力を発揮する．分子軌道法については，5, 6章で詳しく取上げる．

以上のように，共有結合の形成を原子軌道の重なり合いで説明する方法を**原子価結合法**（valence bond theory，VB法）という．

分子軌道法

一方，図1・5 (b) に示すように，水素の原子軌道（波動関数）を数学的に組合わせて，分子全体に属した軌道，つまり分子軌道（波動関数）をつくることによって共有結合を説明する方法を**分子軌道法**（molecular orbital theory，MO法）という．原子軌道と同様に，分子軌道は分子のまわりの空間における電子の存在確率を示したものである（図1・5c）．分子軌道では，原子核の間に電子の存在確率が高くなっていることがわかる．

混成軌道の種類

これまでは水素原子における共有結合の形成について見てきた．有機分子中の炭素原子は，もう少し複雑な方法で共有結合を形成する．

炭素原子では，本来もっている原子軌道を再編成して新しい軌道をつくる．このような軌道を**混成軌道**（hybrid orbital）という．炭素原子の混成軌道には，以下のようなものがある．

図1・6に示すように，一つの2s軌道と一つの2p軌道からできた**sp混成軌道**，一つの2s軌道と二つの2p軌道からできた**sp² 混成軌道**，一つの2s軌道と三つの2pからできた**sp³ 混成軌道**がある．これらの混成軌道の形は野球のバットのように一方に大きく張り出しており，軌道の重なりをつくるのに有利である．このような混成軌道によって形成する共有結合を"σ結合"という（後述）．

sp混成軌道は2個生成し，180°の角度で，互いに反対方向を向いている．sp²混成軌道は3個生成し，同一平面上に互いに約120°の角度で交わっている．また，sp³混成軌道は4個生成し，互いに109.5°の角度で交わり，正四面体形をとる．

一方，図に示したように，sp混成軌道の形成に関与しなかった二つのp軌道は互いに直角に交わって存在している．また，sp²混成軌道の形成に関与しなかった一つのp軌道は混成軌道がのる平面を突き刺すように存在している．これらのp軌道は"π結合"の形成に関与する．

混成軌道によって，さまざまな形の有機分子がつくられる．

これらの混成軌道により形成した有機分子の具体的な構造については，2章でふれる．

1. 有機分子を構成する結合   9

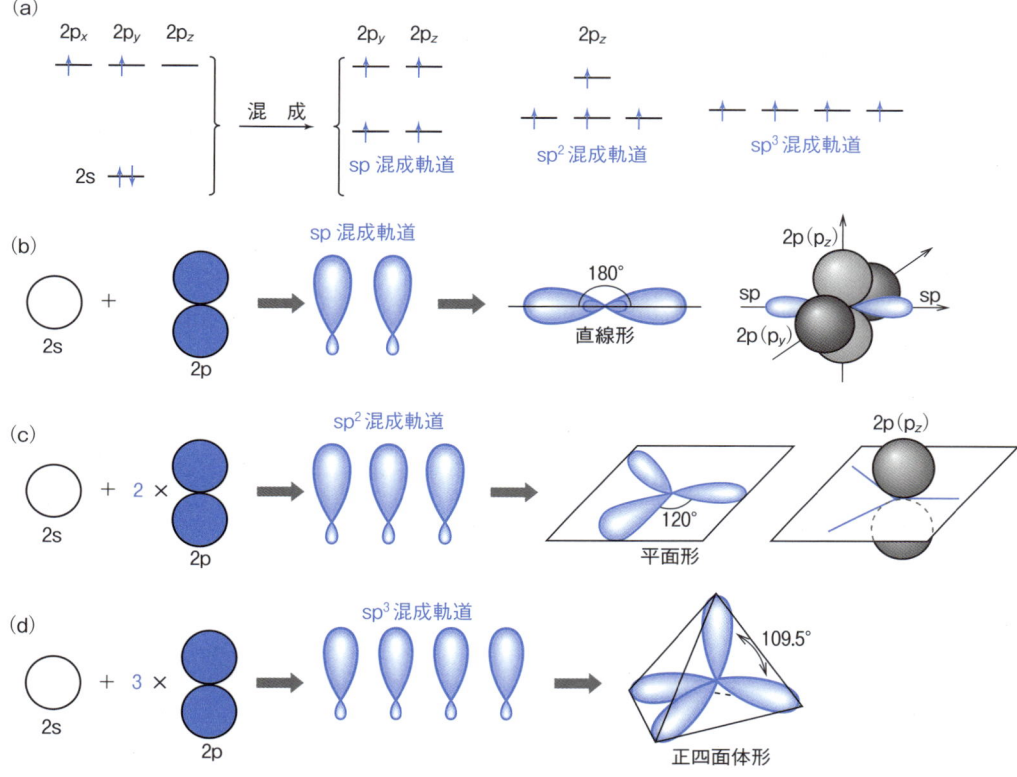

図 1・6　炭素の混成軌道．(a) 電子配置および軌道エネルギー，(b) sp，(c) sp², (d) sp³

混成軌道の性質

これまでに見た混成軌道の性質をまとめると，以下のようになる．
① 生成する混成軌道の数は，混成に用いた元の軌道の数に等しい．
② 混成軌道は元の軌道の性質を残している．
③ 混成軌道のエネルギーは元の軌道の加重平均に等しい．

たとえば，sp 混成軌道のエネルギーは下式で表される．

$$E_{sp} = \frac{E_s + E_p}{2}$$

σ結合とπ結合

炭素の混成軌道は"σ結合"を，混成軌道に関与しない p 軌道は"π結合"を形成する．ここでは，これらについてもう少し具体的に見てみよう．

図 1・7 (a) に示したように，σ結合は二つの軌道が結合軸にそって重な

一般にσ結合は回転が可能であるが、π結合は回転できない。

り合ってできたものである。σ結合の電子雲は、結合軸のまわりに紡錘状に存在する。一方、図1・7 (b) に示したように、**π結合**は軌道の側面からの重なりによってできている。π結合は結合軸の上下に分かれて存在するが、両方で一つのπ結合に相当する。

これらの結合の強度は、軌道の重なり具合いからわかるように、σ結合のほうがπ結合よりも強い。このことから、σ結合は有機分子の骨格を形づくる結合であり、π結合は反応性などに影響を与える結合なっている。

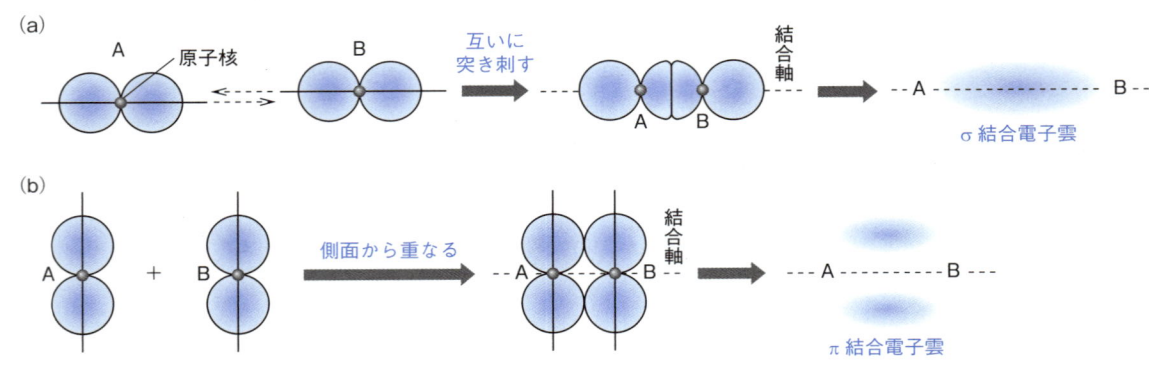

図1・7 σ結合(a) およびπ結合(b)

単結合，二重結合，三重結合

表1・1 共有結合の構成

種類	結合の構成
単結合	σ結合
二重結合	σ結合＋π結合
三重結合	σ結合＋π結合＋π結合

表1・1に示すように、σ結合によって**単結合**（single bond）が、σ結合とπ結合によって**二重結合**（double bond）や**三重結合**（triple bond）が形成される。単結合を飽和結合ともいい、二重結合、三重結合を不飽和結合ともいう。これらの共有結合の特徴は、結合力が特定の方向のみに働く（配向性）こと、結合できる相手の個数が決まっている（飽和性）ことである。

図1・8に示すように有機分子を構成する炭素–炭素結合の結合長は、単結合(C–C)＞二重結合(C=C)＞三重結合(C≡C)の順に短くなっている。また、これらの結合の強さを表す結合エネルギーは単結合＜二重結合＜三重結合の順で大きくなる。

共有結合のイオン性

共有結合はカチオンとアニオンの間に働くイオン結合と異なり、電気的に中性である。しかし、共有結合はイオン性をもつことがあり、これが共有結合にさまざまな性質を付与する。

原子には電子を放出する傾向をもつものと、電子を受取る傾向をもつものがある。このような性質をはかる尺度として、電気陰性度がある。**電気陰性度**（electronegativity）は電子を引き付ける度合いを相対的に数値化したものである。電気陰性度に大きな差がある原子どうしが結合すると分子中に電荷の偏りが生じ、結合はイオン性をもつことになる（図1）。

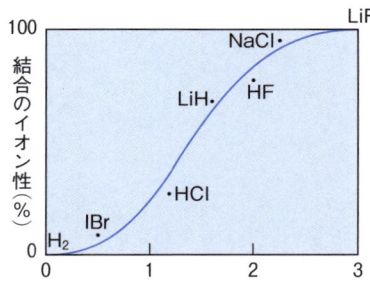

図2 **結合のイオン性**。横軸の数字は原子の電気陰性度の差の絶対値。

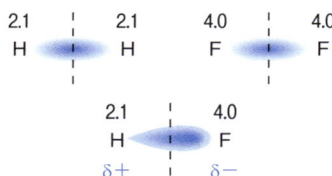

図1 **分子中の電荷の偏り**。数字は電気陰性度

結合する2個の原子間の電気陰性度の差と、結合のイオン性との関係を示したものを図2に示した。ここで、100％イオン性というのはイオン結合であり、0％イオン性というのは純粋な共有結合であることを示す。図からわかるように、結合は純粋なイオン結合あるいは共有結合であるだけではなく、分子によってその間を連続的に変化していることがわかる。

つまり、このことは結合中の電荷に偏りがあることを示している。これを**分極**（polarization）という。分子の分極の大きさは、結合分極の程度 δ と原子間の距離 r の積である、結合モーメント μ によって表すことができる（図3）。

結合分極

A ━━━ B
$\delta+$ r $\delta-$

結合モーメント
$\mu = \delta \times r$

HF	1.94	CC	0	C=C 0
HCl	1.08	CN	0.22	C=N 0.9
HBr	0.78	CO	0.74	C=O 2.3
HI	0.34	CF	1.41	C≡C 0
HC	0.4	CCl	1.46	C≡N 3.5
HN	1.31	CBr	1.38	
HO	1.51	CI	1.19	

図3 **結合モーメント**。数字の単位はデバイ（D）

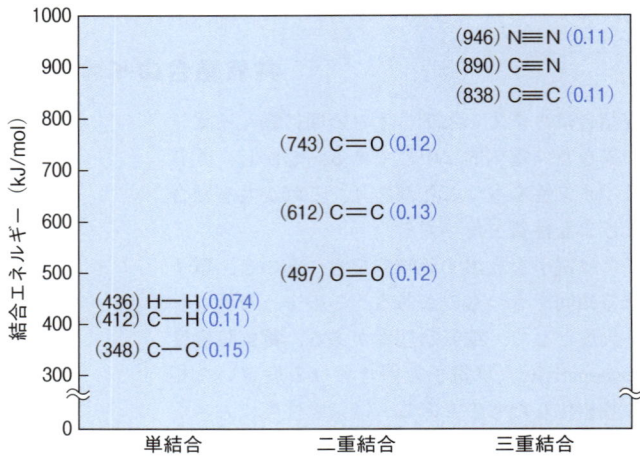

結合エネルギーは結合を切断して，原子を無限遠に引き離すのに必要なエネルギーである．

図 1・8　**おもな共有結合の結合エネルギーと結合長**．左側の（　）内の数字が結合エネルギー，右側の（　）内の数字が結合長，単位は nm（10^{-9}/m）．

4. 分子間相互作用の種類

分子間相互作用の種類と特徴についてしっかりと把握しておこう．

　超分子および生体分子の構造の形成には，分子どうしの間に働く**分子間相互作用**（intermolecular interaction）がかかわっている．分子間相互作用にはいくつかの種類がある．ここでは，その代表的なものについて見てみよう．

代表的な分子間相互作用

分子間相互作用といっても，ファン デル ワールス相互作用，水素結合，スタッキングなどはいくつかの相互作用の組合わせから構成されていることに注意が必要である（後述）．

　表 1・2 は代表的な分子間相互作用の種類を示したものである．
　これらの分子間相互作用のエネルギーは数 kJ/mol から数十 kJ/mol 程度であり，共有結合の数百 kJ/mol（図 1・8 参照）に比べて小さいのが大きな特徴である．つまり，分子間相互作用は共有結合よりも弱い力である．分子間相互作用のなかでも，静電的相互作用，水素結合，配位結合などは比較的強い力であるが，ファン デル ワールス相互作用やスタッキングの結合力は弱い．
　以下，これらの分子間相互作用をもう少し具体的に見てみよう．

表 1・2　おもな分子間相互作用の種類

種類	内容
静電的相互作用 　① クーロン力 　② 配向力 　③ 誘起力 　④ 分散力	イオンや双極子間に働く力 点電荷-点電荷 永久双極子-永久双極子（点電荷） 永久双極子（点電荷）-無極性分子 無極性分子-無極性分子
水素結合	水素原子と電気陰性度の高い原子 Y などとの間に働く引力 XH…Y （X, Y は O, N, S, ハロゲンなど），CH…Y π 電子…HX （X は C, N, O, S, ハロゲンなど）
ファン デル ワールス相互作用	分子どうしを凝集させる引力
ππ スタッキング	芳香環どうしの積み重なり
電荷移動相互作用	電子供与体から電子受容体への電荷移動に基づく相互作用
配位結合	ヘテロ原子の非共有電子対の供与によって形成される
疎水性相互作用	水中で疎水性分子が集合体を形成する駆動力

5. 静電的相互作用

　分子間相互作用の基礎になるのは静電的相互作用であり，いくつかの種類がある．

静電的相互作用の種類と特徴

　静電的相互作用（electrostatic interaction）は，電荷をもつイオンや電荷の偏りをもつ双極子などの間に働く，電気的な力である．図 1・9 に静電的相互作用の種類を示した．

　まず，静電的相互作用の基本となる**クーロン力**（Coulomb force）について見てみよう．クーロン力はイオン間に働く相互作用である（図 1・9a）．そのエネルギーは（1・1）式で表される．

$$E = \frac{z_1 z_2 e^2}{4\pi\varepsilon r} \qquad (1\cdot1)$$

ここで，z はイオンの電荷数，r は点電荷間の距離，ε は媒体の誘電率，e は

$\varepsilon = \varepsilon_0 \varepsilon_r$. ここで ε_0 は真空の誘電率，ε_r は比誘電率を示す．

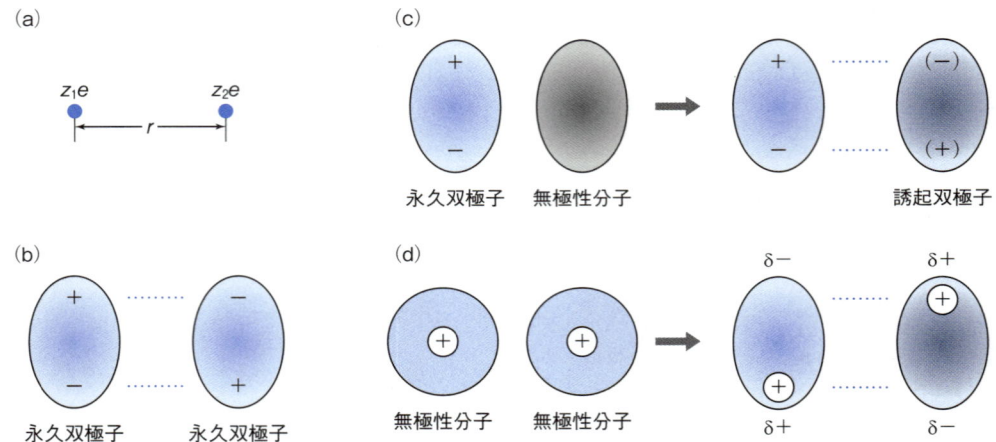

図 1・9　静電的相互作用．(a) クーロン力，(b) 配向力，(c) 誘起力，(d) 分散力

電気素量である．

上記の式からわかるように，クーロン力は距離 r に反比例する．そのため，力はかなり遠くまで及び，しかも方向に関係なく作用する．また，媒体の誘電率 ε が大きいほど，その力は弱くなる．たとえば，水は有機溶媒に比べて誘電率が大きいので，水中ではクーロン力は弱くなる．

比誘電率はおおよそ水が 80，エタノールが 25，ベンゼンが 2 である．

塩化ナトリウム結晶中における Na と Cl はほぼ完全にイオン化しており（本章コラム参照），これらのイオン間に働くクーロン力は 400 kJ/mol 程度と共有結合に匹敵する大きさをもつ．また，タンパク質を構成するアミノ酸の電荷間にも弱いクーロン力が働き，タンパク質の立体構造に影響を及ぼす．

このような結合をイオン結合という．

以下，分子間に働く重要な静電的相互作用について説明する．

配向力（orientation force）は分極した永久双極子と，点電荷や永久双極子の間に働く力である（図 1・9b）．クーロン力ほど遠くに及ばないが，後述する誘起力や分散力よりは遠くに及ぶ．その強さは双極子の向きなどより決まるので，この力は分子の配向に影響する．

配向力は分極した二つの C=O 基の間などで見られる．

誘起力（induced force）は点電荷や永久双極子と，無極性分子の間に働く力である．電荷や双極子をもたない無極性分子の隣に，点電荷や永久双

極子が近寄ると，電子雲は電荷の影響を受けて移動し，無極性分子に電荷が現れ（誘起双極子という），これらの間に静電的な力が生じる（図1・9c）．誘起力の大きさは距離r^6に反比例するので，分子間どうしが離れると急激に弱くなる．

分散力（dispersion force）は無極性分子間で働く力である．電荷に偏りのない分子でも，電子雲は絶えずゆらいでいるので，分子中の電荷が瞬間的に偏ることがある．このとき，さらに隣の分子にも瞬間的な電荷の偏りが生じ，これらの双極子間に静電的な力が働く（図1・9d）．分散力は現れては消える瞬間的な力であるが，集団全体として見れば，持続的な力となる．

分散力の大きさは双極子間の距離r^6に反比例し，分子間相互作用のなかでも弱い力である．

ファン デル ワールス相互作用

ネオンやアルゴンなどの希ガス，ベンゼンやナフタレンなどの有機分子では温度を下げていくと，これらの分子が規則的に配列した結晶ができる（4章参照）．このように分子と分子を引き付け，凝集状態をつくる力を**ファン デル ワールス**（van der Waals）**相互作用**という．ファン デル ワールス相互作用は分子の極性の有無にかかわらず働く力であり，その大きさは距離r^6に反比例する．ファン デル ワールス相互作用は分子間相互作用のなかでも弱い力である．

また，分子の表面積が大きいほど，分子表面にある電荷どうしの相互作用が強くなる．たとえば，図1・10に示すように直鎖アルカンのほうが枝分かれアルカンよりも表面積が大きいために，分子間に働くファン デル ワールス相互作用は強くなる．

静電的相互作用は分子間相互作用の中心をなすものである．

ファン デル ワールス相互作用の本質は，無極性分子の場合は分散力であり，極性分子の場合は分散力のほかに，配向力，誘起力が働く．

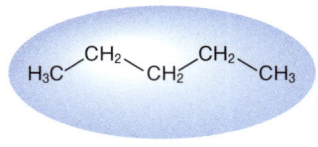
直鎖状の構造をもつ分子は表面積が大きく相互作用も大きい

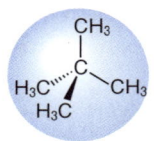
枝分かれした構造をもつ分子は表面積が小さく相互作用も小さい

図1・10 ファン デル ワールス相互作用と分子の表面積

6. 水素結合

水素結合は分子間相互作用のなかでも比較的強い力であり，分子どうしの会合や生体分子の立体構造の形成などに重要な役割を果たしている．

水素結合とは

水素結合（hydrogen bond）は一般的には，「電気陰性度の低い原子である水素 H と電気陰性度の高い原子 Y との間に働く静電的な力」と定義され，$XH^{\delta+}\cdots Y^{\delta-}$（X，Y は O，N，S，ハロゲンなど）と表される．その典型的な例が水分子間に働く，水素結合である．

本章コラムで見たように，電気陰性度の異なる原子間の共有結合は分極する．水分子 H−O の結合では，電気陰性度が H は 2.1，O は 3.5 であるので，H は正に荷電し，O は負に荷電する（図 1・11a）．このように結合の分極した水分子どうしには水素結合が働き，これらが集まって会合する（図 1・11b）．

液体状態の水では，どのくらいの分子が会合しているのだろうか？ 図 1・12 はアルカンの分子量と沸点の関係を示したものである．両者には，ほぼ直線的な関係が見られる．ここに水（分子量 18，沸点 100 ℃）を当てはめてみると，完全に直線からはずれることがわかる．直線にのるには，水の分子量は 100 程度でなけらばならない．このことは，水は沸騰するときでも，5 分子程度の会合体であることを示唆している．

> 水素結合は静電的な力であるクーロン力によるものであるが，そのほか分散力や配向力，電荷移動相互作用（後述）なども関与している．「水素結合」という固有の相互作用が存在するわけではないことに注意されたい．

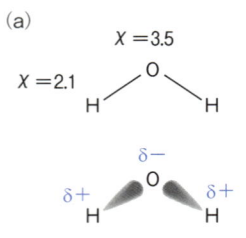
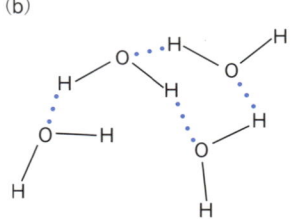

図 1・11 水分子の水素結合

> 水は分子量がほぼ同じであるメタン CH_4 に比べて，沸点や融点が異常に高い．これは水分子間の水素結合を切断するのに，多くのエネルギーを必要とするからである．

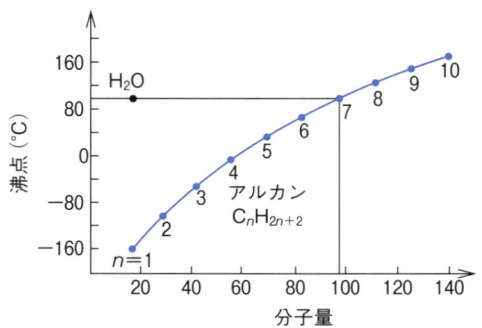

図 1・12 アルカンの分子量と沸点の関係

水素結合は，有機分子どうしでも頻繁に見られる．たとえば安息香酸は水素結合によって2分子が会合し，二量体を形成する（図1・1参照）．図1・13に示すように，生体分子においてもポリペプチドのアミノ酸間に水素結合が働き，αヘリックスやβシートなどの立体構造を形成している．また，DNAの二重らせん構造の形成には，塩基どうしの水素結合が大きな役割を果たしている．

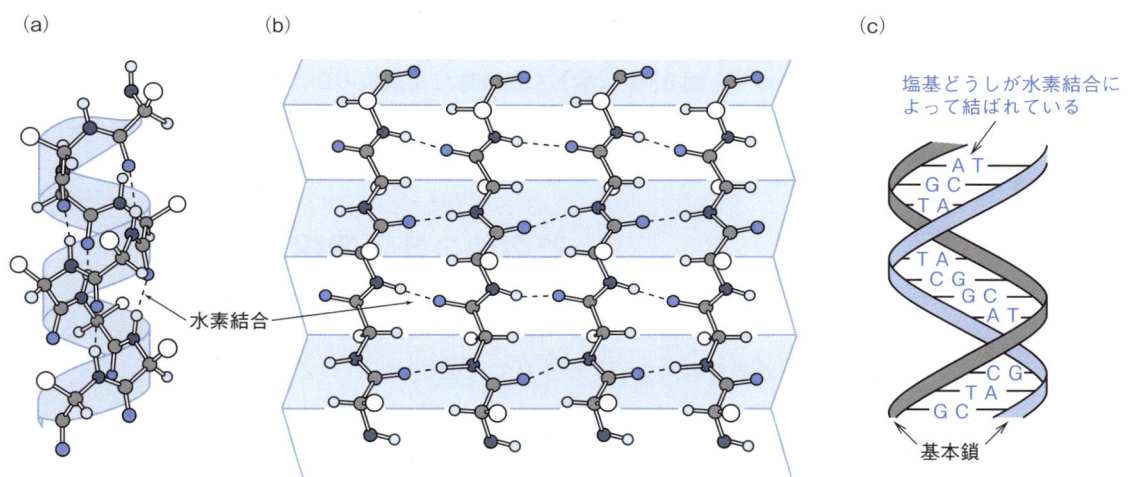

図1・13　生体高分子中の水素結合．(a) αヘリックス，(b) βシート，(c) 二重らせん構造

水素結合の特徴

水素結合（XH⋯Y）は分子間相互作用のなかでは比較的強い力であり，そのエネルギーは10〜40 kJ/mol程度である．また，水素結合は静電的な力によるものなので，媒体の誘電率の影響を受ける．さらに，水素結合には酸素や窒素の非共有電子対が関与し，その結果，結合に方向性が現れる（図2・11参照）．このため，水素結合は分子の配列を制御して，さまざまな分子組織体を設計するのに有用である（4章参照）．

酸素や窒素の非共有電子対が関与した結合状態については2章でふれる．

そのほかの水素結合

水素結合をH原子を介する相互作用ととらえ，CH⋯YのようなC−H

ポイント！

水素結合はさまざまなところで見られる重要な分子間相互作用である．

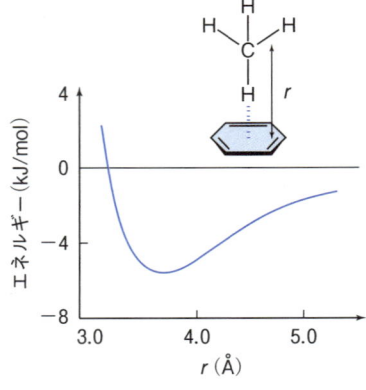

図 1・14 CH···π 電子水素結合の
エネルギー曲線

結合と Y（Y は O, N, S, ハロゲンなど）の間や，π 電子···HX（X は C, O, N, S, ハロゲンなど）のように芳香環などと H 原子の間に働く相互作用も，水素結合とみなすことができる．これらの水素結合のエネルギーは数 kJ/mol であり，すでに見た XH···Y のタイプのものよりもその力は弱い．しかし，これらは有機分子どうしの相互作用を見るうえで大変重要なものである．

図 1・14 には CH···π 電子水素結合の例および結合エネルギーと結合距離の関係を示した．このエネルギー曲線は分子軌道法により計算したものであり，図 5・1 に示した結合性分子軌道の曲線と似ている．このことは，芳香環の π 電子とアルキル基の H の間に水素結合ができていることを示している．

7. その他の分子間相互作用

これまでに見た分子間相互作用のほかに，有機分子や超分子を見るうえで重要なものをいくつか見てみよう．

芳香環どうしの相互作用

芳香環の炭素間は π 電子に覆われ負に荷電し，水素部分は正に荷電する（図 1・15a）．このため，芳香環の間に二通りの相互作用が生じる．

一つは芳香環の CH の水素と芳香環の π 電子との間に生じる"T 字型"の相互作用である（図 1・15b）．これは水素結合（CH···π 電子）の一種とみなすことができる．T 字型相互作用はベンゼンの結晶（図 4・3 参照）な

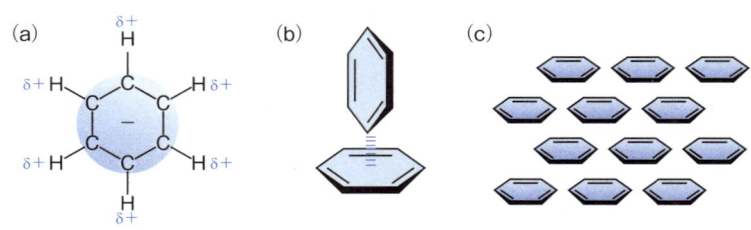

図 1・15 芳香環の T 字型相互作用と ππ スタッキング

ど，いろいろな有機分子で見られる．

　もう一つは芳香環の面どうしに生じる相互作用である．ここで，芳香環が真正面から重なると同じ電荷どうしの反発力が働くので，少しずれて芳香環が配列する（図1・15c）．このような相互作用を**ππ スタッキング**（ππ stacking）という．ππ スタッキングは大きな芳香環どうしでよく見られる．これらの相互作用はおもにファン デル ワールス相互作用による．

DNA の塩基間にも ππ スタッキングが見られ，二重らせん構造を安定化する役割をもつ．

芳香環の一方がドナーの性質をもち，もう一方がアクセプターの性質をもつ場合は，つぎに述べる電荷移動相互作用も ππ スタッキングの駆動力となる．

電荷移動相互作用

　電子を放出しやすいドナー（D，電子供与体ともいう）と，電子を受け入れやすいアクセプター（A，電子受容体ともいう）が隣接すると，ドナーからアクセプターへ電子の移動が起こる．この結果，片方はカチオンになり，もう片方はアニオンになり，両者の間に静電的相互作用が生じる（図1・16）．これを**電荷移動相互作用**（charge-transfer interaction）あるいは**ドナー・アクセプター相互作用**（donor-acceptor interaction）という．

この相互作用は，有機伝導体などにおいて重要な働きをする．具体的には7章でふれる．

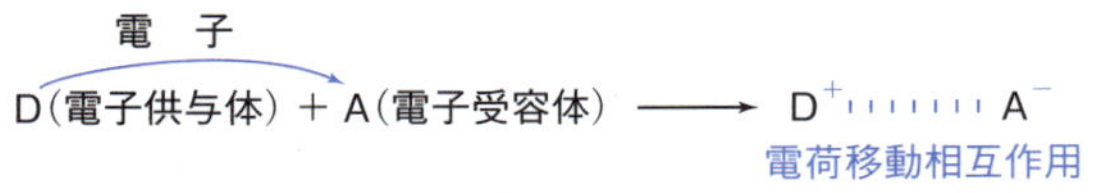

$$\text{D（電子供与体）} + \text{A（電子受容体）} \longrightarrow \text{D}^+ \cdots \text{A}^-$$
（電子）　　　　　　　　　　　　　　　　　電荷移動相互作用

図1・16 電荷移動相互作用（ドナー・アクセプター相互作用）

配 位 結 合

　酸素や窒素などのヘテロ原子の非共有電子対の2個の電子を供与してできるものを**配位結合**（coordination bond）という．結合の形成過程を除けば，本質的には共有結合と同じものであるとみなすことができる．配位結合は，金属イオンを中心とし，そのまわりを小さな分子やイオンが取巻く，**錯体**（complex）を形成するために重要なものである．

　最近では，配位結合を利用して，金属イオンと有機分子を組合わせてできた新規な錯体が注目を集めている．また，生体においてもヘモグロビンなど，金属錯体を含む分子が重要な役割を果たしている．

配位結合については2章で，新規な錯体については4章でふれる．

疎水性相互作用

　水によく混ざる親水性分子と水に混ざらない疎水性分子を混ぜると，疎

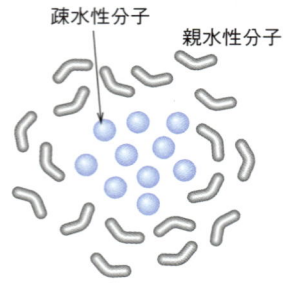

図 1・17　疎水性相互作用

水性分子はできるだけ水との接触を避けようとして，集団をつくる（図1・17）．そうすれば，集団の表面の疎水性分子は水と接触しても，集団の内部の分子は水に接触しないですむ．この結果，疎水性分子には集団になろうとする力が働いているように見える．これを **疎水性相互作用**（hydrophobic interaction）という．しかし，この力は疎水性分子の間に働くというより，親水性分子に押し出された結果で疎水性分子が集まったといえるものである．

　疎水性相互作用は，親水性部分と疎水性部分を一つの分子内に合わせもつ両親媒性分子（界面活性剤）が球状構造をもつミセルや分子膜などの形成する際に重要な役割を果たす（4章参照）．

これまでに見た分子間相互作用について理解することは，超分子などさまざまな機能をもつ分子を設計するうえで重要となる．

II

有機分子の構造

2 有機分子の基本的な構造

　有機分子はおもに炭素原子と水素原子からなり，炭素の混成軌道を用いた共有結合で構成されている．このことが，有機分子の構造を多様なものにする．

　まず，共有結合によってできた有機分子の基本的な構造について見てみよう．さらに，有機分子のなかでも環状構造をもつ芳香族化合物や，環内に酸素や窒素などのヘテロ原子をもつ分子は特別な物性や反応性をもつため，有機化学にとって重要なものとなっている．ここでは，これらの分子についても取上げる．

有機分子の構造を理解するには，混成軌道を用いるとイメージしやすくわかりやすい．そのため，ここでは混成軌道による分子構造を中心に取上げた．しかし，この方法はあくまで分子構造を理解しやすいように考案されたものである．分子の実像により近づくためには分子軌道法による理解が不可欠である（5, 6章参照）．

1. 炭化水素の構造

　炭化水素（hydrocarbon）は炭素と水素だけからなり，有機分子の基本となるものである．ここでは，単結合のみからなる飽和炭化水素，二重結合，三重結合をもつ不飽和炭化水素について見てみよう．

基本的な有機分子の構造を知ることは，有機構造化学の理解の第一歩となる．

メタンの構造

　単結合からなる最も基本的な炭化水素は**メタン**（methane）CH_4である．炭素原子による四つのsp^3混成軌道には不対電子が1個ずつ入っている．このため，sp^3混成状態の炭素原子は4本の共有結合を形成することができる．

　図2・1はメタンの構造を示したものである．炭素原子の四つのsp^3混成

各混成軌道の電子配置については，図1・6を参照．

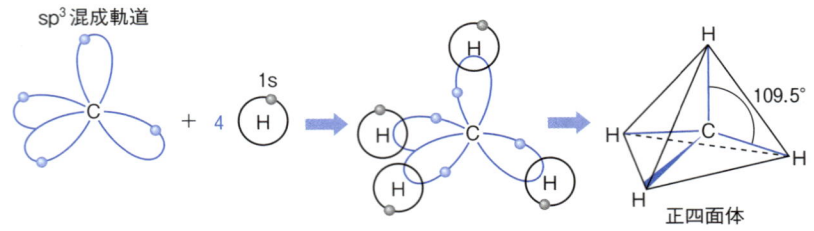

図2・1 メタン分子の形成とその構造

軌道と，4個の水素原子の 1s 軌道が重なり，4本の C−H 単結合が形成される．ここで，各 C−H 単結合を構成する2個の結合電子は，1個は炭素原子，もう1個は水素原子に由来する．したがって，この結合は，電子を互いに出し合って共有してできた共有結合である．

メタンでは4本の C−H 結合がすべて等しく，H−C−H 結合角は sp^3 混成軌道間の角度を反映して 109.5°であり，正四面体の構造をとる．

エチレンの構造

エテンの慣用名として，エチレンが用いられてきた．しかしながら現在，エチレンは不飽和炭化水素名ではなく，炭化水素基 −CH$_2$CH$_2$− の名称としてのみ使用することになっている．しかし，本書では，親しみのあるエチレンを引き続き使うことにする．

二重結合からなる最も基本的な炭化水素は**エチレン**（ethylene）（**エテン**，ethene）C$_2$H$_4$ である．二重結合を構成する炭素原子は sp^2 混成状態であり，一つの 2s 軌道と二つの p 軌道（p_x，p_y 軌道）からできた混成軌道をもつ．

図2・2にエチレンの構造を示した．炭素原子による三つの sp^2 混成軌道には不対電子が1個ずつ入っており，このうちの2個を利用して2本の C−H σ 結合をつくる．一方，残り1個の sp^2 混成軌道の不対電子と p_z 軌道の1個の不対電子を利用して C=C 二重結合をつくる．このとき，前者

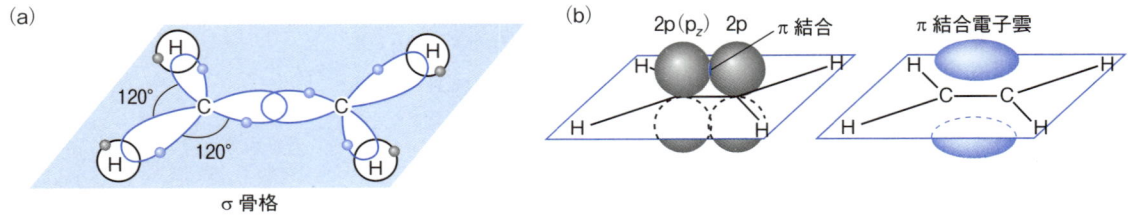

図2・2 エチレンの構造．(a) σ 結合，(b) π 結合

はσ結合に，後者はπ結合に関与する．p_z軌道は図に見るように，平行のまま互いに接することでπ結合を形成し，π結合電子雲は分子平面の上下に分かれて存在する．

エチレンは平面形の分子であり，これらの結合角はsp^2混成軌道間の角度を反映して120°となる．

> π結合は，この上下の結合電子雲全体にわたる結合であり，上の結合電子雲だけで半分，あわせて一つというようなものではない．
>
> もう少し正確にいうと，H-C-H結合角は約117°，H-C=C結合角は約122°と若干異なる．

アセチレンの構造

三重結合からなる最も基本的な炭化水素は**アセチレン**（acetylene）（**エチン**，ethyne）C_2H_2である．三重結合を構成する炭素はsp混成状態であり，一つの2s軌道とp_x軌道からできた軌道をもつ．図2・3にはアセチレンの構造を示した．炭素原子による二つのsp混成軌道には，不対電子が1個ずつ入っている．そのうち，1個は1本のC-H σ結合をつくる．一方，sp混成軌道の1個の不対電子と二つのp軌道（p_y，p_z軌道）の2個の不対電子によって，C≡C三重結合を形成する．ここで，二つのπ結合の結合電子雲は，互いに流れ寄って円筒状になっている．アセチレンの構造はsp混成軌道間の角度を反映して，直線形である．

> 小さい環状分子に三重結合を組込むのは，結合角から見て無理がある．三重結合をもち，安定に存在できる最も小さい環状分子は七員環のシクロヘプチンである．
>
> シクロヘプチン

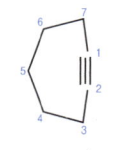

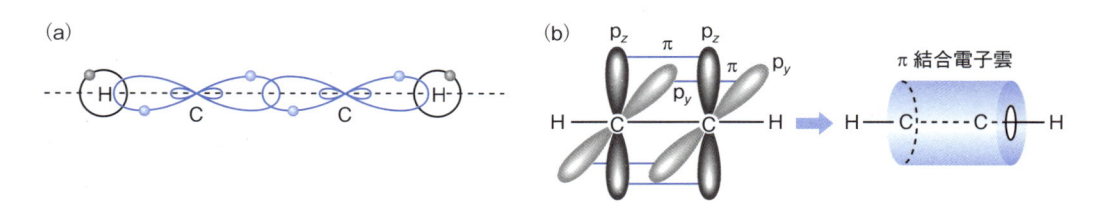

図2・3 アセチレンの構造．(a) σ結合，(b) π結合

2. 共役分子の構造

共役分子は共役二重結合を含む有機分子のことをいう．**共役二重結合**（conjugated double bond）とは，単結合と二重結合が交互に並んだ結合である．共役二重結合は単結合とも二重結合とも異なる，つまりこれらの結合の中間のような性質をもっている．芳香族化合物は共役二重結合をもつ有機分子の典型的なものである．

> **ポイント！**
> 共役二重結合は有機分子に特別な物性と反応性をもたらす．

ブタジエンの構造

ブタジエン（butadiene）C_4H_6 は共役二重結合をもつ直鎖状分子のうちで最も基本的なものである．共役二重結合を構成する炭素原子はすべて sp^2 混成である．そのため，図 2・4 に示すように各炭素原子上にある p 軌道は平行に並んでおり，これらの軌道が重なることで π 結合を形成する．このことは，すべての炭素原子の間に π 結合が存在することを意味する．共役分子では π 結合電子雲は分子全体に広がっており，このような状態を**非局在化**（delocalization）という．

> このような構造を理解したうえで，ブダジエンの構造式は以下のように表すことになっている．
> $CH_2=CH-CH=CH_2$

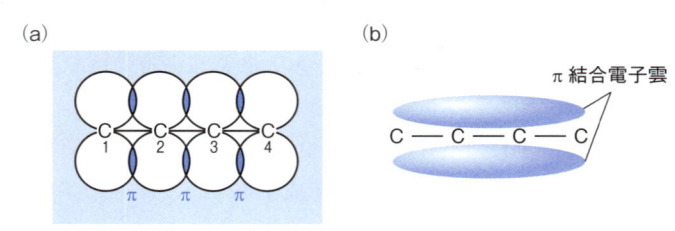

図 2・4 ブタジエンの π 結合．(a) p 軌道の重なり，(b) 非局在化

ここで，エチレンとブタジエンの π 結合について比較してみよう．表 2・1 に示したように，エチレンの一つの π 結合は 2 本の p 軌道からできている．それに対して，ブタジエンでは分子全体で 3 本の π 結合があるが，それを構成する p 軌道は 4 本である．すなわち，ブタジエンの一つの π 結合を構成する p 軌道は 4/3 本にすぎない．

すなわち，ブタジエンの π 結合は，エチレンの π 結合に比べてほぼ 2/3 の強度であることがことが予想される．いわば 2/3 本分の π 結合であり，

> コンクリートで橋を建設する例で見てみよう．エチレン橋は 2 トンのコンクリートを使っている．それに対して，ブタジエンの橋では 4/3 トンしか使っていない．このため橋の強度には，明らかな違いが生じる．

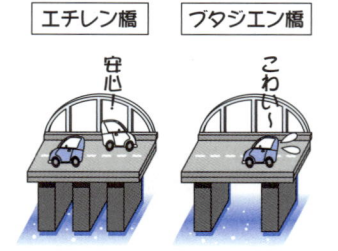

表 2・1 π 結合の相対強度

	p 軌道の数	π 結合の数	π 結合一つ当たり p 軌道の数	π 結合の相対強度
エチレン	2	1	2	1
ブタジエン	4	3	4/3	2/3
ベンゼン	6	6	1	1/2

この結果，ブタジエンの各結合は1本のσ結合と2/3本のπ結合でできた5/3重結合というような結合となる．

ベンゼンの構造

つぎに，共役二重結合をもつ環状分子の構造を見てみよう．このような分子の代表的なものに芳香族化合物があり，そのうちベンゼンは最も基本となる分子である．

図2・5に示すように，**ベンゼン**（benzene）C_6H_6は6個の炭素が環状に結合してできた共役分子である．

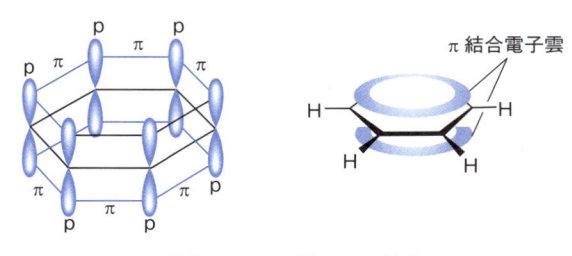

図2・5 ベンゼンのπ結合

ベンゼンの6個の炭素はすべてsp^2混成状態である．したがって，ベンゼンでは6本のp軌道が環状に並び，これらのp軌道はすべて隣どうしで重なり，π結合を形成する．よって，π結合電子雲は環平面の上下にドーナツ状に広がり，非局在化している．ベンゼンを構成する6本の炭素-炭素結合は，すべて等価である．

ブタジエンで見たのと同様に，ベンゼンの各炭素-炭素結合におけるπ結合は0.5本となり（表2・1参照），単結合と二重結合の中間の1.5重結合とみなすことができる．

一般に，環内に$(4n+2)$個（nは整数）のπ電子をもつ環状共役分子は芳香族性をもつ（7章の「1. 芳香族性」を参照）．

3. 特殊な結合をもつ有機分子

これまでに，炭化水素の典型的な結合状態と構造を見てきた．多くの有機分子は，これらの結合によって構成されている．その一方で，ちょっと変わった結合によって構成された分子も存在する．ここでは，そのような

ポイント！
有機分子を構成する結合の多様性を見てみよう．

分子のなかから，いくつかの例を見てみよう．

アレンの結合状態

図 2・6 に示したように，**アレン**（allene）C_3H_4 は 3 個の炭素が結合し，両端の炭素にそれぞれ 2 個ずつの水素が結合した分子である．炭素間の結合は，いずれも二重結合である．そのため，中央の炭素は両方の炭素と二重結合している．普通の二重結合をつくる炭素では，1 個の炭素がつくる二重結合は 1 本だけであるので，アレンの中央の炭素の結合状態は特殊である．

アレンの 3 個の炭素の混成状態は図 2・6 (a) に示したとおりである．普通の二重結合をつくる炭素は sp^2 混成であるが，アレンの中央にある炭素は sp 混成である．

図 2・6 (b) はアレンの結合状態を示したものである．ここで，中央の炭素は sp 混成であるから二つの p 軌道（p_y, p_z 軌道）が残っており，これを使って両隣の炭素と π 結合をつくる．左側の炭素と p_z 軌道を使って π 結合をつくったとすると，右側の炭素とは p_y 軌道を使って π 結合をつくることになる．この結果，中央の炭素のつくる二つの π 結合は互いに 90° ねじれることになる．

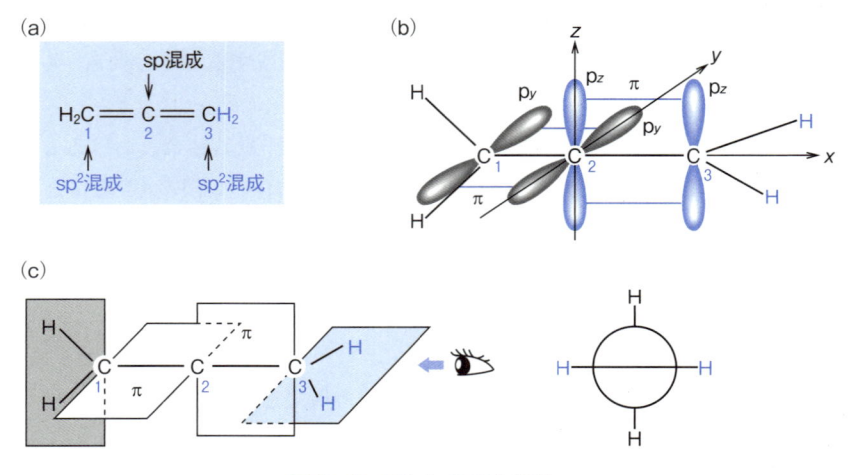

図 2・6　アレンの結合状態

また，端の炭素に付いている水素も，π結合のねじれに伴ってねじれることになる．そのため，両端の水素はそれぞれ90°ねじれることになる（図2・6c）．

> ここでは特殊な結合として紹介したが，アレンに見られるような結合はそれほど珍しいものではない．二酸化炭素の炭素もアレンの中央の炭素と同様，両隣の酸素と二重結合している．

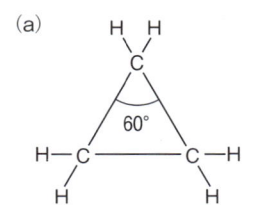

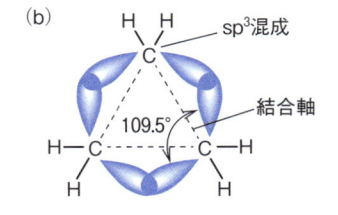

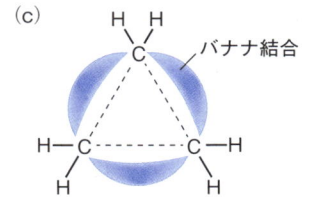

シクロプロパンの結合状態

シクロプロパン（cyclopropane）C_3H_6 は，3個の炭素からできた環状分子である．このような分子の構造は三角形（内角60°）しか考えられない．しかし，シクロプロパンのC–C単結合は sp^3 混成軌道（軌道間の角度109.5°）でできていることがわかっており，このままでは三員環を構成することはできない．それでは，どのようにしてシクロプロパンは三角形の構造をつくっているのだろうか？　その考え方の一つとして，以下のようなものがある．

図2・7には，シクロプロパンの結合状態を示した．ここで，sp^3 混成状態の炭素を三角形の頂点に置くと，互いに軌道を重ねることができる．そして，結合電子雲は三角形の辺とは異なるところに，"バナナ"のような形になって存在する．このバナナ結合は通常のσ結合に比べて軌道の重なりが少なく，弱い結合である．このようなバナナ結合の形成によって，シクロプロパンは三員環を構成するのである．

> このことから，シクロプロパンの反応性の高さなどを説明できる．

図2・7 シクロプロパンの結合状態

4. 炭素同素体の構造

単一の元素からできた分子を単体という．同じ元素から何種類もの単体ができることがあるが，このような単体を互いに**同素体**（allotrope）という．炭素では，いくつかの同素体が見られる．

> **ポイント！**
> 炭素同素体は古くから私たちの生活に深くかかわっており，フラーレンやカーボンナノチューブの登場で，未来を拓く新しい材料として注目をあびることとなった．

ダイヤモンド

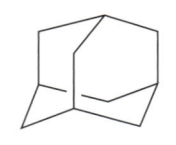

ダイヤモンド (diamond) は炭素原子が単結合でつながった結晶であり，結晶全体が一つの巨大な分子のような状態になっている (図2・8a)．炭素原子はメタンと同じ sp^3 混成であり，隣接するすべての炭素原子と共有結合によって正四面体形に配置している．このように，ダイヤモンドは共有結合のネットワークで構成された結晶であり，これを**共有結合結晶** (covalent crystal) という．

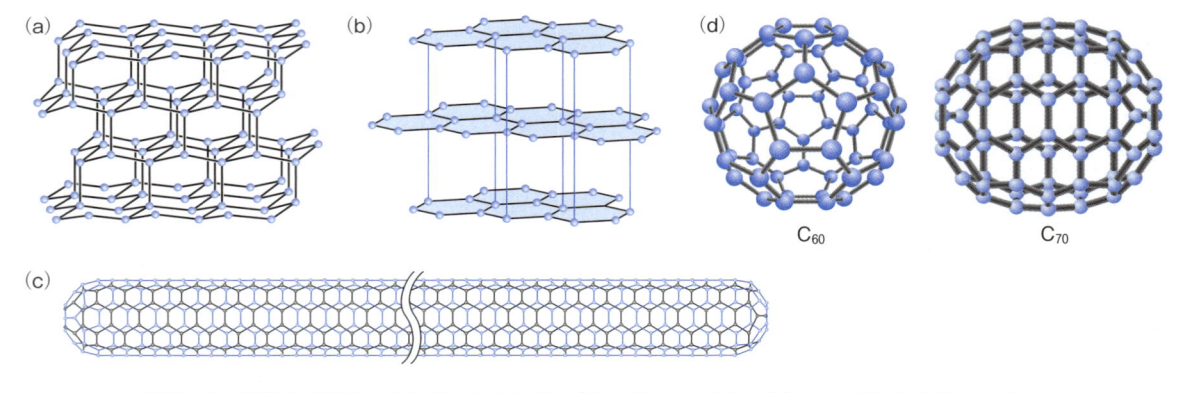

ダイヤモンドの結晶単位に相当する炭化水素にアダマンタンがある．

図2・8 炭素の同素体．(a) ダイヤモンド，(b) グラファイト，(c) カーボンナノチューブ，(d) フラーレン C_{60}, C_{70}

グラファイト

グラファイト (graphite) は sp^2 炭素が結合してできた六角形の平面網目構造が層状に並んだものである (図2・8b)．各炭素の p 軌道は平面の上下に配置し，π結合を形成しているので，平面全体がπ共役系となっている．各層間は結合力の弱いファン デル ワールス相互作用で結ばれている．

各層間の力は弱いので，力を加えれば容易にはがれる．この性質を利用したのが，鉛筆の芯である．また，グラファイトは電気伝導性をもち，特に層の面内で高い．

カーボンナノチューブ

グラファイトの六角形網目平面 (これを"グラフェン"という) を丸めて円筒状にしたものが**カーボンナノチューブ** (carbon nanotube, CNT) である (図2・8c)．1枚のグラフェンからできたものと，いくつかのグラフェンが同心円状に重なってできたものがある．また，両端は開いているものと閉じたものが存在する．

1枚のグラフェンからなるものを単層カーボンナノチューブ (SWCNT)，いくつかのグラフェンからなるものを多層カーボンナノチューブ (MWCNT) という．後者の層間にはグラファイトと同じように，ファン デル ワールス相互作用が働いている．

カーボンナノチューブの炭素原子はグラファイトと同様に，基本的にsp^2混成である．しかし，先端の閉じている部分は，後述するフラーレンと同様の構造をしているので，この部分の炭素原子は純粋なsp^2混成であるとはいえない（後述）．

また，カーボンナノチューブでは，グラフェンの巻き方によっても構造の違うものが存在し，それぞれの性質も異なることがわかっている．

フラーレン

フラーレン(fullerene)は炭素原子からなる六員環と五員環が組合わさってできた球状構造をもつ分子である（図2・8d）．代表的なフラーレンに，60個の炭素原子からできたC_{60}がある．C_{60}は六員環20個と五員環12個が組合わさってできたサッカーボール状の分子である．C_{60}は溶液中では個別に存在するが，固体中では分子結晶として存在する（4章参照）．

フラーレンは六員環と五員環からなるので，炭素原子は純粋なsp^2混成ではなく，いくらかsp^3性を帯びている考えられる．また，グラファイト同様に，p軌道が表面に存在しているので，この軌道を利用して，多くの化学修飾されたフラーレンが合成されている．

そのほか，フラーレンには炭素70個からなるC_{70}や炭素78個からなるC_{78}などの高次フラーレンが存在する（図2・8d）．

六角形の内角は120°であり，sp^2混成軌道間の角度に相当する．一方，五角形の内角は108°であり，ほぼsp^3混成軌道間の角度に相当する．ただし，これらの角度から炭素の混成状態を判断できるわけではなく，分子は共役系を広げたほうが安定であるので，p軌道を多くもつほうが有利であるということから，多少sp^3性の混ざったsp^2と考えるのが妥当である．

5. ヘテロ原子を含む分子の構造

酸素，窒素，硫黄など，炭素と水素以外の原子をヘテロ原子という．ヘテロ原子が組込まれた有機分子は独特の電子構造をもち，有機化学において重要な役割を果たすものが多い．

ポイント！
ヘテロ原子を含む有機分子の構造を理解することは，有機分子のもつ多様な性質を知るうえで重要である．

アンモニアの構造

アンモニアは有機分子ではないが，ヘテロ原子の結合を理解するための格好の分子である．

アンモニアを構成する窒素はsp^3混成状態である（図2・9a）．四つのsp^3混成軌道のうち，一つは非共有電子対で占められるため，不対電子は3個

32   II. 有機分子の構造

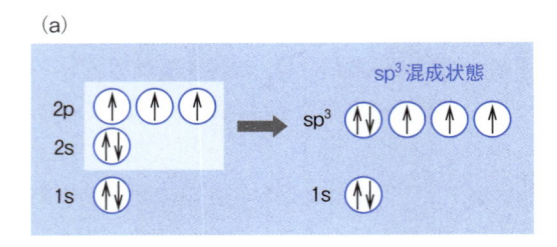

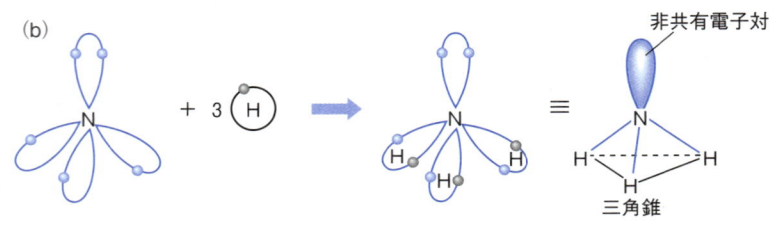

図 2・9 sp³ 混成状態の窒素原子の電子配置 (a) およびアンモニアの構造 (b)

窒素上の非共有電子対がアンモニアの塩基性の原因となる．

分子の構造は電子対どうしの反発が最小になるように安定化するという VSEPR 理論によって説明されることが多い．しかし，不安定化を最小にして安定な構造を獲得するという考え方だけでは不十分である．
分子構造の安定化は非共有電子対の非局在化が本質的な要因となっていることが分子軌道法に基づく検証により明らかになっている．詳しくは専門書を参照されたい．

になる．よって，窒素原子は 3 本の共有結合をつくることができる．アンモニアはこの窒素原子と 3 個の水素原子とが共有結合してできている（図 2・9b）．メタンのように sp³ 混成軌道でできた分子は正四面体形であるが，分子の構造には非共有電子対を含めないので，アンモニアの構造は三角錐になる．アンモニアの結合角は sp³ 混成軌道間の角度 109.5° から少しずれて，約 107° 程度となっている．これは，非共有電子対はなるべく他の原子の軌道と相互作用して安定化しようとするためであり，約 107° のときが最も安定になることが分子軌道法によって確認されている．

また，アミンの構造はアンモニアの N−H 結合の 1 本を N−C(R) 結合に変えたものである．

アンモニウムイオンの構造と配位結合

図 2・10 は，アンモニアに水素イオン H^+ が結合する様子を示したものである．電子をもたない水素イオンの空軌道とアンモニア窒素の非共有電子対の入った軌道が重なり合い，N−H 結合を形成してアンモニウムイオン NH_4^+ となる．この N−H 結合の電子は窒素原子からのみ供給されたものなので，配位結合である．これは，アンモニアの N−H 共有結合と形成

2. 有機分子の基本的な構造   33

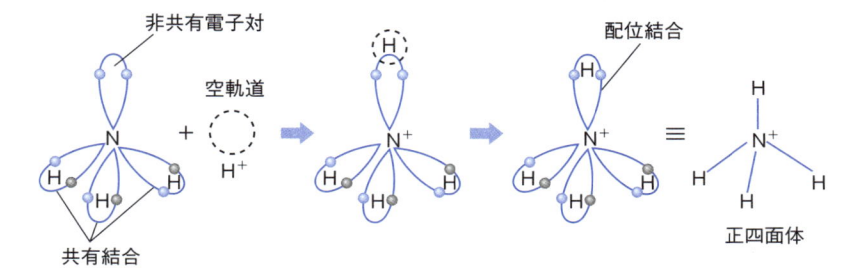

図2・10 アンモニウムイオンの構造

の過程は異なるが，結果的には同じ結合であるといえる．アンモニウムイオンの形は正四面体である．

水分子の構造と水素結合

水は有機反応の溶媒や生体においても重要な役割を果たす分子である．図2・11(a)に水分子の構造を示した．水分子を構成する酸素原子は窒素原子と同様にsp^3混成である．よって，二組の非共有電子対をもち，不対電子は2個となる．このため，酸素原子は2本の共有結合を形成することができる．水分子はこの酸素原子と2個の水素原子とが共有結合ででき

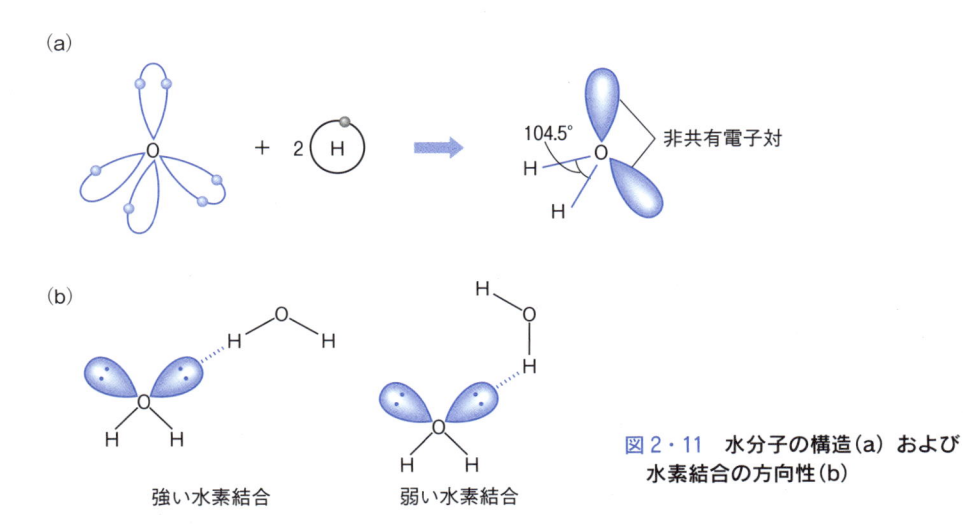

図2・11 水分子の構造(a)および水素結合の方向性(b)

Ⅱ. 有機分子の構造

この理由はアンモニアの場合と同じである.

ヒドロニウムイオン H_3O^+ の O–H 結合もアンモニウムイオンと同様である. H^+ の空の軌道が H_2O の非共有電子対と軌道の重なりをつくることによる配位結合である. H_3O^+ の形はアンモニアと同じ三角錐である.

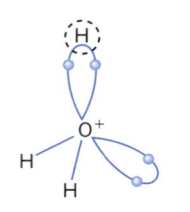

たものである. 水分子の結合角は sp^3 混成軌道間の角度 109.5° ではなく, 104.5° になっている.

また, アルコールの構造は水の O–H 結合 1 本を O–C(R) 結合に変えたものである.

水分子では電気陰性度の差により, 水素がプラス, 酸素がマイナスに荷電している. このとき, マイナスの電荷は酸素原子上に存在する二組の非共有電子対に偏っている. このため, これらの非共有電子対が関与する水素結合にも方向性が現れる. たとえば, 水分子どうしの水素結合においても, 酸素の非共有電子対の方向と H–O 結合の方向が一致した場合には強い結合となるが, 方向がずれてくると結合は弱くなる (図 2・11b).

C=X 結合の構造

ヘテロ原子 X の関与した二重結合 C=X 結合は C=C 結合より複雑であり, 分子にいろいろな性質を与える.

カルボニル基 C=O を構成する原子はいずれも sp^2 混成である. 酸素は三つの sp^2 混成軌道のうち二つに非共有電子対が入り, 残る一つの混成軌道と p 軌道に不対電子が入る (図 2・12a). この結果, 酸素は混成軌道を

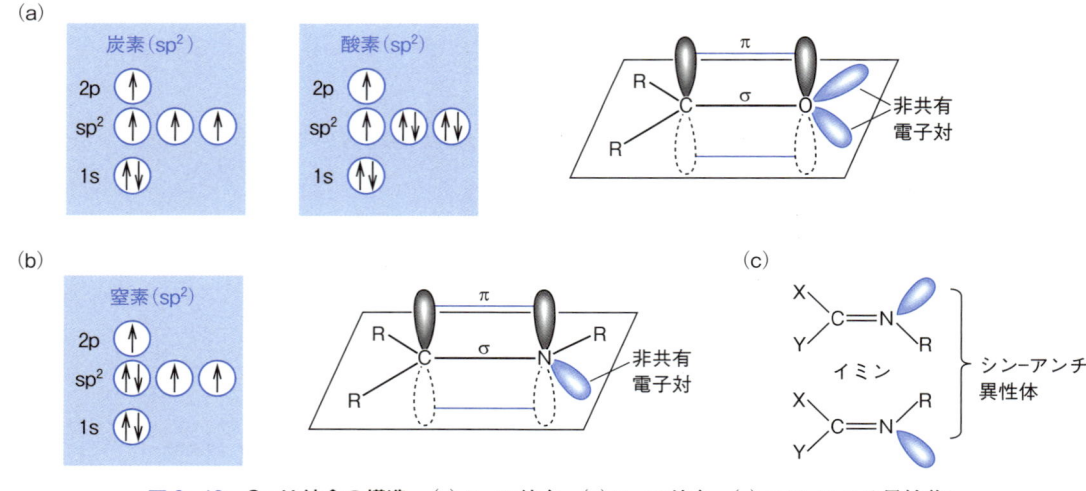

図 2・12 C=X 結合の構造. (a) C=O 結合, (b) C=N 結合, (c) シン-アンチ異性体

使って σ 結合を，p 軌道を使って π 結合をつくることになる．酸素原子上の二組の非共有電子対は分子面に存在する．

　イミンの C=N 結合を構成する窒素も sp² 混成である．窒素の場合には，3個の混成軌道のうち一つに非共有電子対が入り，二つに不対電子が入るので，窒素は C=N 結合のほかに N-R 結合をつくることができる（図2・12b）．この結果，炭素原子上の二つの置換基 X，Y と R の向きによって，異性体が存在することになる．これを**シン-アンチ異性体**（*syn-anti isomer*）という．

異性体については3章参照．

ピリジンの構造

　ピリジン（pyridine）C₅H₅N はヘテロ原子を含む芳香族の代表的なものである．ピリジンの窒素は上に見た C=N 結合の窒素と同様に，sp² 混成状態である．電子配置は図2・13に示したとおり，三つの sp² 混成軌道のうち二つに不対電子が入り，残り一つは非共有電子対となっている．

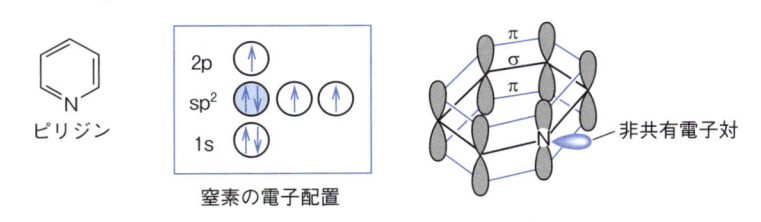

図2・13　ピリジンの構造

　図のように，ピリジンの結合状態は炭素と窒素がそれぞれ二つずつの混成軌道を使って σ 結合し，六員環の基本骨格を構成する．炭素は残ったもう一つの混成軌道を使って水素と結合する．一方，窒素の混成軌道には非共有電子対が入っており，環外に飛び出した形で存在する．

　また，炭素と窒素はともに電子が1個入った p 軌道をもっている．この合計六つの p 軌道が各原子上に平行に並ぶので，ベンゼンと同じようにドーナツ状の非局在 π 結合が形成される．ピリジンの π 電子の個数は6個であり，これはヒュッケル則（$4n+2$，この場合 $n=1$）に当てはまるので，芳香族性をもつ．これは，事実とよく一致する．

ヒュッケル則については7章参照．

ピロールの構造

ピロール (pyrrole) C_4H_5N の窒素はピリジンの場合と同様に sp^2 混成状態であるが，電子配置は異なる．すなわち，ピリジンでは sp^2 混成軌道が非共有電子対となっていたが，ピロールでは p 軌道に非共有電子対が入っている．

図 2・14(a) はピロールの結合状態である．各原子上には一つずつの p 軌道があるので，これらが並んで非局在 π 結合を形成する．ここで注意すべきは π 電子の個数である．各炭素の p 軌道には 1 個ずつの電子が入っているが，窒素の p 軌道には非共有電子対が入っている．そのため，ピロールの π 結合を構成する π 電子数は 6 個となり，ピロールも芳香族性をもつことになる．

図 2・14 ピロールの構造

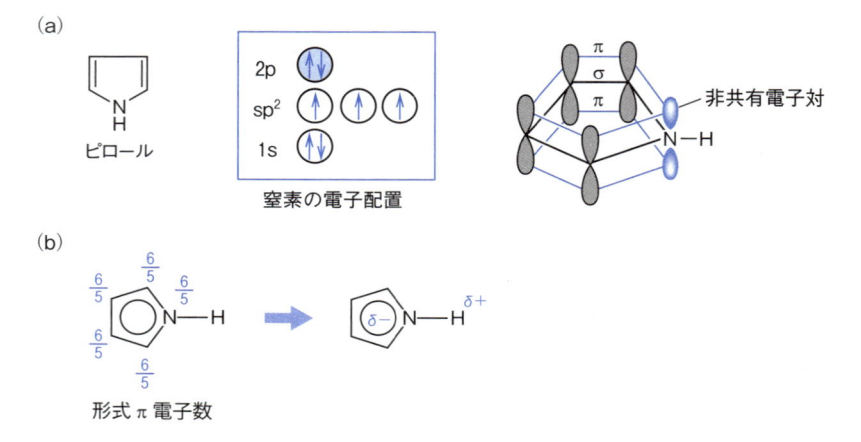

ピロールの π 結合では，5 個の原子上に 6 個の π 電子が存在することになる．平均すると，1 個あたり 6/5 個である（図 2・14b）．炭素の p 軌道にはもともと 1 個の電子しかないのだから，6/5 個の電子が存在する状態では −1/5 の電荷をもつことになる．一方，窒素の p 軌道上には本来，非共有電子対の 2 個の電子がある．それが 6/5 個に減少したのだから +2/5 に荷電することになる．

このようにヘテロ原子が共役系に組込まれた結果，各原子上に電荷が現れ，ピロールには極性が現れることになる．

酸素，硫黄をヘテロ原子とするフラン，チオフェンでも同様の現象が観察される．

6. イオンとラジカルの構造

　有機反応において，イオンとラジカルは重要な役割をもつ．ここでは，代表的なイオンとラジカルの構造について見てみよう．

イオンの生成

　図2・15に示すように，置換基Xをもつメタン誘導体**1**からXがアニオンX^-としてはずれると，**カルボカチオン**（carbocation, **炭素陽イオン**）**2**が生成する．一方，XがカチオンX^+としてはずれると**カルボアニオン**（carbanion, **炭素陰イオン**）**3**が生成する．**2**は電子が入っていない空軌道をもち，**3**には非共有電子対が存在する．

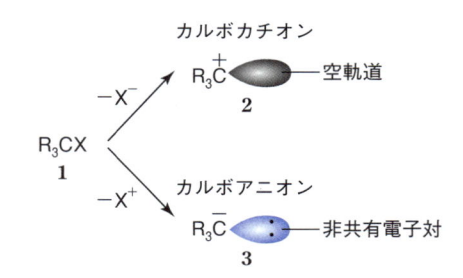

図2・15　カルボカチオンとカルボアニオンの生成

カルボカチオンの構造

　カルボカチオンの構造としては，炭素原子がsp^3混成のままの**4a**あるいはsp^2混成に変化した**4b**が考えられる（図2・16a）．この場合，カチオンがどちらの構造をとるかは，軌道エネルギーから予想できる．

　図2・16（b）は軌道エネルギーの大きさと軌道のp性との関係を示したものである．軌道のp性が大きいほど，軌道エネルギーが高いことがわかる．

　6個のσ電子は，**4a**ではsp^3混成軌道に入り，**4b**ではsp^2混成軌道に入る．このため，**4b**のほうがエネルギーが低くなり，**4a**よりも安定である

(a)

sp³型　　　　sp²型

4a　　　　**4b**(安定)

(b)

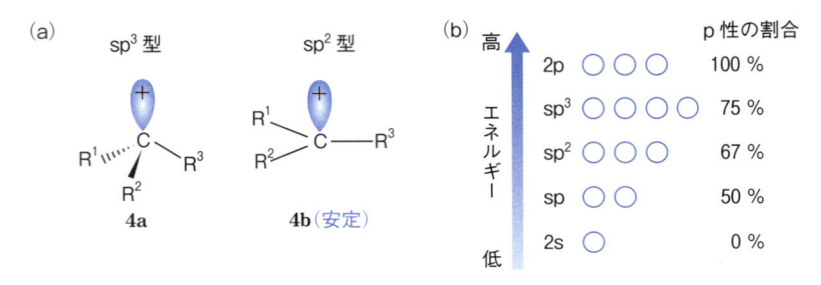

		p性の割合
2p	○○○	100 %
sp³	○○○○	75 %
sp²	○○○	67 %
sp	○○	50 %
2s	○	0 %

図 2・16　**カルボカチオン**．(a) 予想される構造，(b) 軌道エネルギーの大きさとp性の関係

ことがわかる．

　よって，カルボカチオンは三つの置換基がそれぞれ正三角形の頂点を向いた平面形になり，平面に垂直な方向に空のp軌道が存在する．

カルボアニオンの構造

> すべての電子のエネルギーを合計するとsp²でもsp³でも同じになる．

　カルボアニオンの場合には，混成状態の違いによる明らかなエネルギー差はない．そのため，sp³混成炭素から生じたアニオンはsp³のままである (図2・17)．ここで，三つの置換基がすべて異なる種類であり，非共有電子対を含めると，炭素には4個の異なる置換基が結合していることになる．このような炭素原子を"不斉炭素原子"といい，このような炭素をもつ分子は光学活性をもつ．ところが，実際にはカルボアニオンはsp²混成状態の中間体を通って反転するので，光学活性は失われることになる．

> 不斉炭素原子および光学活性については3章参照．

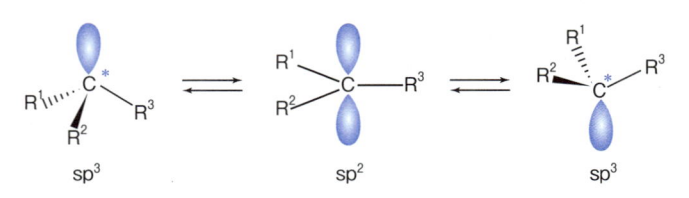

sp³　⇌　sp²　⇌　sp³

図 2・17　カルボカチオンの構造

カルボカチオンとカルボアニオンの安定性

　カルボカチオンでは，置換基であるアルキル基の数が多いほど安定であ

ることが知られている（図2・18a）．これは，① アルキル基は電子供与性をもつので，正電荷をもつ炭素にσ電子が移動し，炭素の電子不足が解消されることと，② 空のp軌道とそれに平行に近いアルキル基のC–Hσ結合が相互作用することが大きな要因となっている（図2・18b）．

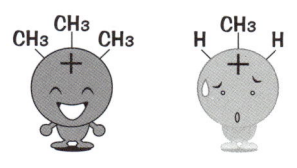

カルボアニオンの安定性は，カルボカチオンとは反対になり，アルキル基が多いほど不安定になる（図2・18a）．これを逆にいえば，電子求引基が多く結合しているほど安定であるということになる．

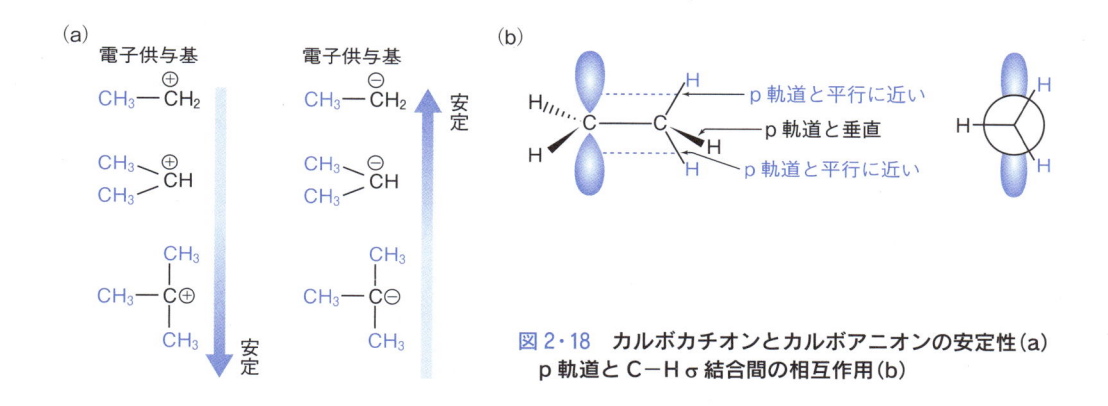

図2・18 カルボカチオンとカルボアニオンの安定性(a)
p軌道とC–Hσ結合間の相互作用(b)

ラジカルの構造

メタン誘導体1から遊離基X·が脱離した場合，不対電子をもつ**ラジカル**（radical）が生成する．ラジカルは不対電子をもつため，反応性の高い分子種である．

図2・19(a)のように，ラジカルにもsp^3混成とsp^2混成がある．両者のエネルギー差は小さいので，結果的に反転が起こる．そのため，カルボアニオンと同様に，出発物の光学活性は失われる．

前者をσラジカル，後者をπラジカルということがある．

ラジカルの安定性

ラジカルは電子供与基（アルキル基を含む），電子求引基によって安定化される．たとえば，図2・19(b)に示すように，メチル基の数が増えると，ラジカルはより安定化する．また，アリルやベンジルなどの共役系をつく

る置換基もラジカルを安定化し，その程度はアルキル基よりも大きい．

図2・19 ラジカルの構造(a) および安定性(b)

ポイント!
イオンやラジカルの構造と安定性は反応性に影響を及ぼす．

3 有機分子の立体構造

　有機分子は構成元素が少ないにもかかわらず，多くの種類が存在する．その要因の一つとして，分子式が同じでありながら，構造の異なる分子が多数存在することがあげられる．このような分子を互いに**異性体**（isomer）という．このため，異性体について知ることは，有機分子の構造を理解するうえで重要となる．

　有機分子の多くは三次元の立体構造をとっており，これは分子のもつ性質と重要なかかわりがある．ここでは，特に立体的な構造の違いによって生じる異性体を中心に取上げて，有機分子の立体構造を理解しよう．

ポイント！
有機化学の世界は三次元である．

1. 異性体の種類と構造異性体

　まず，異性体にはどのような種類があるのかを簡単に見てみよう．異性体を大きく分けると，分子を構成する原子の結合の順序が異なる**構造異性体**（structural isomer）と，原子の結合の順序は同じであるが，立体的な配置や配座の異なる**立体異性体**（stereoisomer）の 2 種類がある（図 3・1）．

　立体異性体は有機立体化学の中核をなすものであり，さらに"立体配座異性体"と"立体配置異性体"に分けられる．立体配置異性体には，エナンチオマーとジアステレオマーがあり，シス-トランス異性体はジアステレオマーに含まれる．

ポイント！
異性体には構造異性体と立体異性体がある．

42　II. 有機分子の構造

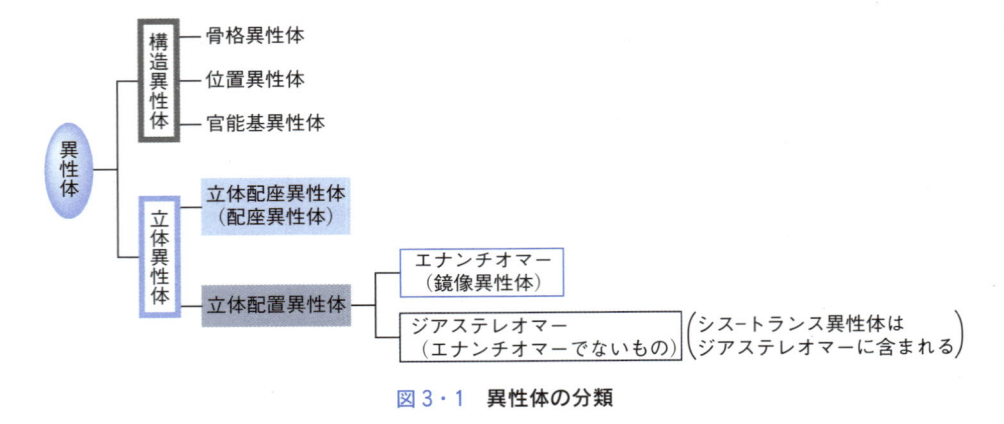

```
                ┌─ 構造異性体 ─┬─ 骨格異性体
                │              ├─ 位置異性体
                │              └─ 官能基異性体
  異性体 ─┤
                │                 ┌─ 立体配座異性体（配座異性体）
                └─ 立体異性体 ─┤
                                  └─ 立体配置異性体 ─┬─ エナンチオマー（鏡像異性体）
                                                     └─ ジアステレオマー（エナンチオマーでないもの）
                                                        （シス-トランス異性体はジアステレオマーに含まれる）
```

図 3・1　異性体の分類

鎖状分子の構造異性体

ここでは, 鎖状構造をもつ有機分子の構造異性体について見てみよう.

① **骨格異性体**　炭素骨格の違いに基づく異性体である. 図 3・2(a) は分子式 C_5H_{12} をもつアルカンの骨格異性体を示したものである. 炭素骨格は, **1** が直鎖状, **2, 3** は枝分かれ状になっており, いずれも原子の結合の順序が異なる.

(a)　$CH_3-CH_2-CH_2-CH_2-CH_3$　　
　　　　　　　　1

(b) 化合物 **4**, **5**, **6**, **7** (位置異性体)

(c) 化合物 **8**, **9**　　(d) 化合物 **10**, **11**

図 3・2　**構造異性体**. (a) 骨格異性体, (b) 位置異性体, (c), (d) 官能基異性体

② **位置異性体** 置換基(官能基)の位置の違いに基づく異性体である．図3・2(b)は分子式 $C_5H_{12}O$ をもつアルコールの例である．炭素骨格に結合したヒドロキシ基 OH の位置の違いによって，四つの異性体 (**4~7**) が存在する．

③ **官能基異性体** 官能基の種類の違いに基づく異性体である．図3・2(c) は分子式 C_3H_6O をもつ分子であるが，官能基の種類が異なる．すなわち，**8** はカルボニル基，**9** はホルミル基 (アルデヒド) である．また，図3・2(d) は分子式 C_2H_6O をもつ分子であるが，**10** はヒドロキシ基 (アルコール)，**11** はオキシ基 (エーテル) をもつ．これらは分子式は同じであるが，官能基の種類の違いを反映して，まったく性質の異なる分子となる．

異性体の数は炭素原子数の増加とともに，飛躍的に増大する．以下にアルカンの異性体数を示した．炭素数が30のアルカンの異性体数は40億を超える．練習のために，異性体の構造式を書き出してみるのもよい．

分子式	異性体数	分子式	異性体数
C_4H_{10}	2	C_9H_{20}	35
C_5H_{12}	3	$C_{10}H_{22}$	75
C_6H_{14}	5	$C_{15}H_{32}$	4347
C_7H_{16}	9	$C_{20}H_{42}$	366 319
C_8H_{18}	18	$C_{30}H_{62}$	4 111 846 763

環状分子の構造異性体

つぎに，環状分子の異性体について見てみよう．

① **核異性体** 環構造そのものの違いに基づく異性体である．図3・3(a) に示した分子 **1** と **2** は分子式 C_8H_6 をもつが，**1** のベンゾシクロブタジエンは四員環と六員環が，**2** のフルバレンは二つの五員環が縮合したものである．ともに環状共役分子であるが，環構造は異なる．図3・3(b) に示した分子 **3** と **4** はともに分子式 C_7H_{12} をもつが，**3** は C_1 と C_4 との間で，**4** は C_1 と C_3 の間で橋架けしている．これは環を構成する原子間の結合位置が異なる核異性体である．

3, 4 の核異性体は骨格異性体の一種である．

② **環異性体** ヘテロ環におけるヘテロ原子の位置の違いに基づく異性体である．**5** のイミダゾールと **6** のピラゾールは2個の窒素原子の相対的な位置関係が異なる異性体である (図3・3c)．

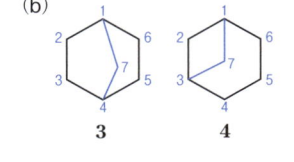

図3・3 核異性体の例．(a) C_8H_6，(b) C_7H_{12}，(c) $C_3H_4N_2$

2. 立体配座異性体

すでに見たとおり，立体異性体には，立体配座異性体と立体配置異性体が存在する．ここでは，まず，立体配座異性体について見てみよう．

立体配座異性体とは

単結合の"回転"によって，簡単に相互変換できる分子一つ一つの立体的な構造（形）のことを**立体配座**（コンホメーション，conformation）といい，立体配座の違いによって生じる異性体を**立体配座異性体**（conformational stereoisomer）あるいは**コンホマー**（conformer）という．

立体配座について，例えで見てみよう（図3・4）．有機構造化学好きのウサちゃんは手と足（さらには耳）を動かすだけで，いろいろなポーズをとることができ，これらの形は容易に変えられる．このようなポーズ（形）の一つ一つを"立体配座"といい，それぞれのウサちゃんは互いに立体配座異性体の関係にある．このことから，立体配座異性体は立体的な形の違いをもつが，すべて同一の分子であることがわかる．

エタンの立体配座異性体

ここでは，基本的な立体配座異性体の例として，エタン分子を取上げよう．エタンのC–Cσ単結合は結合電子雲が結合軸上にあるため，回転が可能である．

図3・5には，エタンのC–C結合を回転させて生じる立体配座異性体を

ポイント!
立体配座の意味をしっかりと理解しよう．

図3・4　立体配座の違いの例え

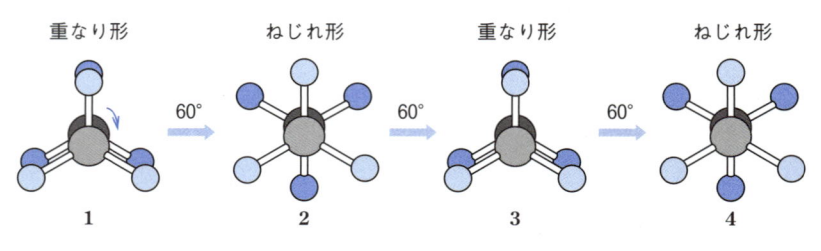

図3・5　**エタンの立体配座異性体**．C–C結合のほぼ正面から見たもの．

示した．2個の炭素に結合している水素が互いに重なった立体配座 **1** を出発として，後ろの炭素を 60°回転させると **2** になる．これをさらに 60°回転させると **3** になり，さらに 60°回転させると **4** になる．

ここで，**1**，**3** は手前の水素と後ろの水素が重なっているので，このような立体配座を **重なり形配座**（eclipsed conformation）という．一方，**2**，**4** は手前の水素と後ろの水素が斜め向かいの，ねじれた位置にあるので，**ねじれ形配座**（staggerd conformation）という．以上のように，エタンでは C−C 結合の 60°の回転ごとに，重なり形配座とねじれ形配座の二つの立体配座が交互に現れる．

立体配座異性体は単結合の回転によって生じるので，回転異性体ともいう．

立体配座の相互変換

通常，エタンはほとんどがねじれ形，あるいはそれに近い形で存在する．ここでは，その理由について見てみよう．

図 3・6 はエタンの立体配座のもつエネルギーを示したものである．横軸は手前と後ろの C−H 結合間の角度である"二面角"を示し，$\theta = 0°$，120°，240°，360°のときが重なり形配座に，$\theta = 60°$，180°，300°がねじれ形配座に相当する．図から重なり形がエネルギーが最も高く，ねじれ形が最も低いことがわかる．エネルギーの低い分子は安定であるので，このため，エタンはねじれ形，あるいはそれに近い形で存在する．

図からわかるように，重なり形とねじれ形のエネルギー差は 12 kJ/mol であり，これを **ねじれひずみ**（torsional strain）という．このねじれひずみ

結合の回転の角度を表すものに，"ねじれ角"がある．二面角とねじれ角は厳密には同じものではない．二面角はもともとは二つの面のなす角度をさし，符号をもたない．それに対して，ねじれ角は結合を時計回りに回転させたときを ＋，反時計回りに回転させたときを － として，符号をともなう．ねじれ角についてはコラム「立体配座の命名法」も参照されたい．

ポイント！
ねじれ形は安定であり，重なり形は不安定である．

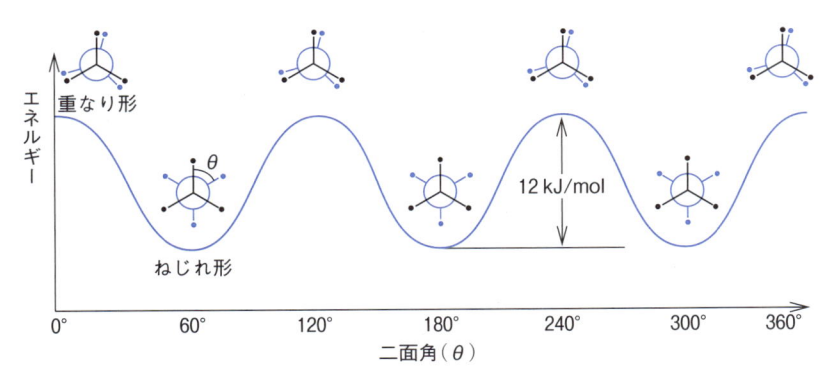

図 3・6 エタンの立体配座異性体とエネルギー

が単結合の回転の障壁となる．つまり，ねじれ形から重なり形を経て，再びねじれ形になるには，ねじれひずみによるエネルギーを越えなければならない．このため，エタンのC–C結合の回転は完全に自由なものとはいえないが，12 kJ/molという値は室温で容易に得られる．そのため，通常，エタンのC–C結合は非常に速い速度で，自由に回転しているといってよい．

ねじれひずみの原因

それでは，なぜねじれ形と重なり形でエネルギーに差があるのだろうか？ この答えの一つとして，重なり形では負に荷電したC–H σ結合の電子雲どうしの静電的な反発および水素原子どうしの立体的な反発のために（図3・7a），エネルギーが高くなることがあげられる．しかし，上記の理由だけでは十分に説明できず，別の要因が考えられている．それは，軌道間の相互作用によるものである．軌道相互作用を理解するには，分子軌道法についての知識が必要であるが，ここでは結論だけを述べる．

エタンのC–H結合では電子が2個入った結合性分子軌道σと空の反結合性分子軌道σ*の間に相互作用が生じる．このような場合，軌道相互作用が大きいほど，分子は安定化する．ここで，両軌道が空間的に最も有効に重なるとき，つまり両軌道が平行になるときに安定化相互作用が最大となる．図3・7(b)に見るように，ねじれ形ではσ軌道とσ*軌道は平行になっているため，大きな軌道相互作用が生じ，安定化する．

このような軌道相互作用による安定化は，図からわかるように，C–H$_A$

エタンのC–C結合の回転は室温で1秒間に60～70億回といわれている．

軌道相互作用については，6章を参照．

この軌道相互作用の本質は，σ軌道（電子供与性軌道）からσ*軌道（電子受容性軌道）へ電子の一部が移動することによる電荷移動相互作用である．電荷移動相互作用は電子を非局在化して，分子を安定化させる役割を果たす．

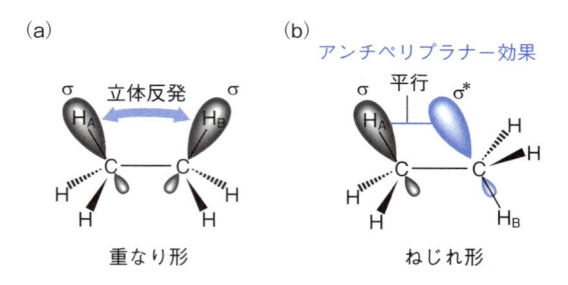

図3・7 立体反発(a)と軌道相互作用(b)

と C−H$_B$ のなす二面角が 180°のとき，つまり C−H$_A$ と C−H$_B$ が逆向きで同一平面上にあるアンチペリプラナー配座のときに最大となる．このような効果を**アンチペリプラナー効果**（antiperiplanar effect）という．

アンチペリプラナー配座については，コラム「立体配座の命名法」を参照．

3. 分子内相互作用と立体配座

前節の終わりで，軌道相互作用が立体配座の安定性を決める重要な要素であることがわかった．ここでは，このような分子内の軌道相互作用と立体配座のかかわりについて，もう少し見てみよう．

ポイント！
軌道相互作用は分子の構造を決める重要な要素である．

ブタンの立体配座の安定性

図 3・8 はブタン CH$_3$CH$_2$CH$_2$CH$_3$ の立体配座のエネルギーを示したものである．ブタンでは，重なり形における極大点とねじれ形における極小点が，それぞれ 2 種類存在している．

重なり形 1 は 2 個のメチル基による立体ひずみと，エタンと同様のねじれひずみのために，エネルギーが最も高くなる．**立体ひずみ**（steric strain）とは，二つの原子どうしが接近して，それぞれの原子半径の範囲内に入ることで生じる反発的な相互作用のことをいう．同じ重なり形でも 3 では，メチル基と水素が重なるので，立体ひずみによる影響は小さくなるため，

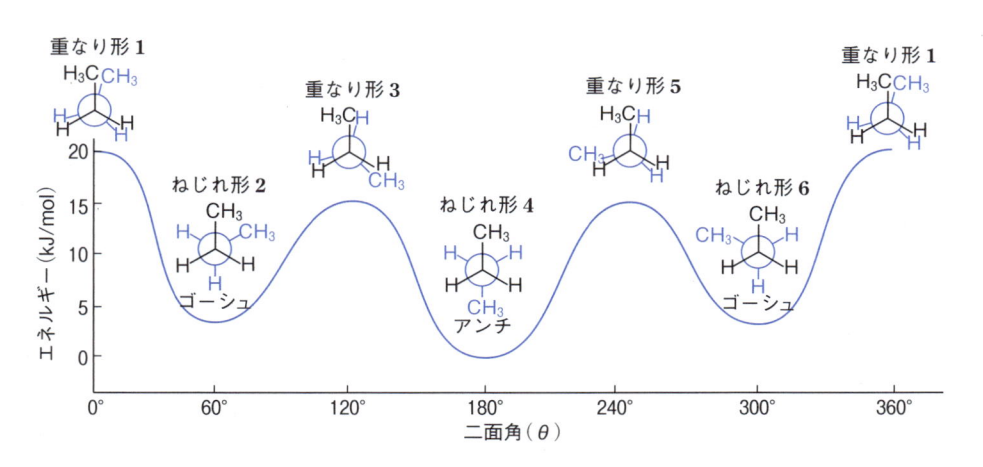

図 3・8 　ブタンの立体配座異性体とエネルギー

1よりもエネルギーは低くなる．

ねじれ形においては，**4**のようにメチル基がどうしが180°離れた**アンチ形配座**（anti conformation）と，**2, 6**のようにメチル基が接近した**ゴーシュ形配座**（gauche conformation）がある．ゴーシュ形**2, 6**ではメチル基どうしの立体ひずみのために，アンチ形**4**よりもエネルギーは高くなる．

以上のことから，ブタンでは中央のC–C結合の回転によって，エネルギーの低いゴーシュ形とアンチ形の間を速い速度で相互変換している．

ゴーシュ効果

ブタンではアンチ形のほうがゴーシュ形より安定ではあるが，平衡状態

> ブタンの単結合は室温で1秒間に2億回程度回転しているといわれている．

立体配座の命名法

立体配座を区別するために，以下の表示法が用いられる．図1(a)に示すように，ねじれ角をシン（*syn*）・アンチ（*anti*），クリナル（*clinal*），ペリプラナー（*periplanar*，ほぼ平面という意味）で表す．これらの定義を用いて，図3・8に示したブタンの立体配座を命名すると，重なり形**1**：シンペリプラナー（*sp*），ねじれ形**2**：シンクリナル（*sc*），重なり形**3**：アンチクリナル（*ac*），ねじれ形**4**：アンチペリプラナー（*ap*）のようになる．

また，$0° < \theta < +180°$を（＋），$-180° < \theta < 0°$を（－）と表せば，図1(b)のようにさらに細かく区別ができる．

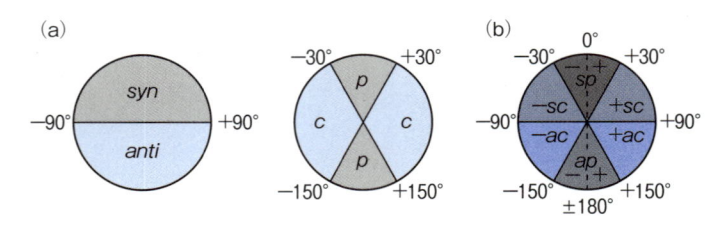

図1 立体配座の表示法． *c*：クリナル（*clinal*），*p*：ペリプラナー（*periplanar*），*sp*：シンペリプラナー，*sc*：シンクリナル，*ac*：アンチクリナル，*ap*：アンチペリプラナー

においてアンチ形が78％，ゴーシュ形が22％存在する．ゴーシュ形のメチル基どうしの立体ひずみはかなり大きいので，このことを考慮するとゴーシュ形が存在する確率は予想よりも高くなっていることがわかる．つまり，ゴーシュ形には何らかの安定化効果が働いていると考えられる．

このような効果はヘテロ原子を回転軸に含む分子，たとえばヒドラジン（H_2NNH_2）誘導体で顕著に現れる．ヒドラジン誘導体では，アンチ形よりもゴーシュ形のほうが安定であることが知られている（図3・9）．これを**ゴーシュ効果**という．

たとえばブタンの水素原子を，非共有電子対をもつ原子や官能基で置き換えた分子（XH_2C-CH_2X, X＝F, OH, CN など）においても大きなゴーシュ効果が得られる．

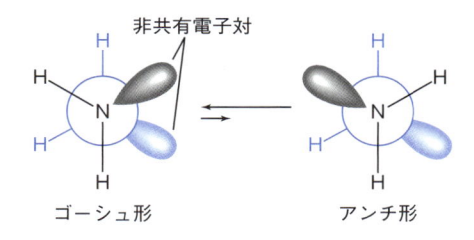

図3・9 ゴーシュ効果

ゴーシュ効果はアンチペリプラナー効果や非共有電子対の非局在化などさまざまな要因が合わさった結果であると考えられている．

シクロヘキサンの立体配座の安定性

シクロヘキサンC_6H_{12}では，**いす形配座**（chair conformation）が最も安定な配座である（図3・10a）．いす形のC−C−C結合角は111.5°であり，これは正四面体角109.5°とほとんど同じであり，またエタンにおける最も安定なねじれ形配座と同じである．このため，いす形はひずみをもたない非常に安定した分子として存在する．

シクロヘキサンでは，環の反転によって，いす形からもう一つのいす形へと変換される（図3・10b）．この場合，反転の前後におけるいす形配座のもつエネルギーは等しい．

ここで，シクロヘキサンの水素1個をメチル基に置き換えたメチルシクロヘキサンの立体配座について見てみよう．C−CH_3結合には，アキシア

シクロヘキサン環を含む分子が自然界に多く存在する理由もここにある．

環の反転は，その途中でいくつかのタイプの立体配座が出現し，しかもいくつかの経路を通って行われる．このことについては，「有機立体化学（わかる有機化学シリーズ5）」などを参照されたい．

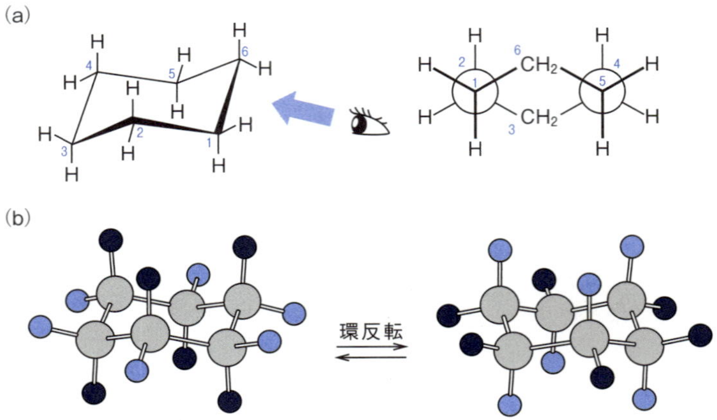

(a)

(b)

図3・10　シクロヘキサンのいす形配座

シクロヘキサンのC−H結合の方向は地球と重ね合わせてみるとよくわかる．地軸方向（axial）に上下に出ている結合を**アキシアル**といい，赤道方向（equatorial），つまりほぼ水平に出ている結合を**エクアトリアル**という．

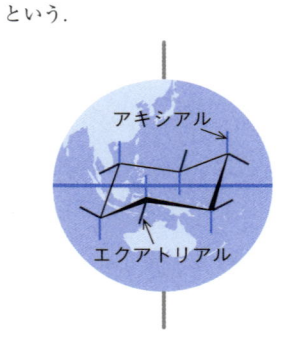

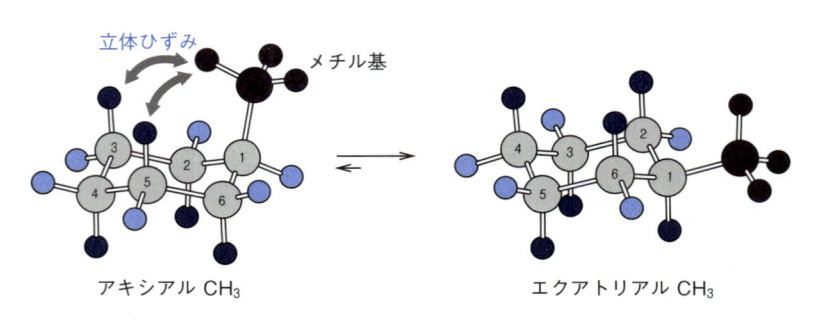

ルとエクアトリアルの2種類存在するが，この場合，エクアトリアル CH_3 をもつ分子のほうが安定であることが知られている（図3・11）．

図3・11　メチルシクロヘキサンの1,3-ジアキシアル相互作用

　図に見るように，アキシアル CH_3 をもつ分子では C_1 に付いたメチル基の水素は C_3 と C_5 に付いた水素と接近するために反発し合い，立体ひずみを生じる．このため，エクアトリアル CH_3 をもつ分子のほうがエネルギー的に安定になる．このような立体ひずみを**1,3-ジアキシアル相互作用**（1,3-diaxial interaction）という．また，メチル基をよりかさ高いエチル基 C_2H_5 などに置換すると立体ひずみは増加することがわかっている．

アノマー効果

つぎに,シクロヘキサン環の炭素1個が酸素に,水素1個がメトキシ基 OCH_3 に置き換わった分子について見てみよう.この分子の場合は,前述したメチルシクロヘキサンとは逆の結果が得られ,メトキシ基がアキシアルであるほうが安定なことがわかっている(図3・12).これは,環内の酸素の非共有電子対と環とメトキシ基の C−O σ^* 軌道の間の相互作用による安定化は,両者がアンチペリプラナー配座のときに最大になるためである.

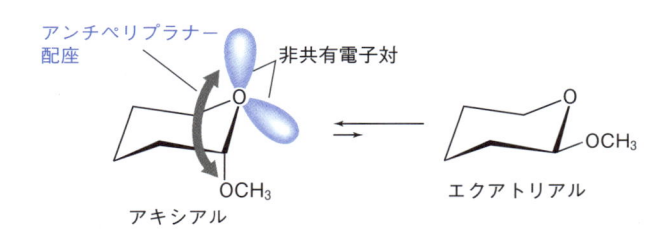

図3・12 アノマー効果

以上のように,環内にヘテロ原子をもつ飽和六員環において,ヘテロ原子の α 位(2位)に電気陰性度の大きい置換基をもつ場合,置換基がアキシアルであるほうが安定であることが知られている.このような現象を**アノマー効果**(anomeric effect)という.アノマー効果の強さは環外の置換基の種類によって変化し,一般に以下のような順序になることが知られている.

$$ハロゲン > OCOR > OR > SR > OH > NH_2 > COOCH_3$$

4. シス-トランス異性体

つぎに,立体配置異性体について見てみよう.すでにふれたように,立体配置異性体にはエナンチオマーとジアステレオマーが存在する.シス-トランス異性体はジアステレオマーの一種であるが,最もよく知られた異性体であるので,ここで個別に取上げることにする.

ポイント!

最も安定な立体配座が得られるのは,電子受容性の高い軌道(たとえば σ^* 軌道)と,電子供与性の高い非共有電子対や σ 軌道との相互作用が大きい場合である.

上記のことは,以下のようにいい換えることができる.つまり,分子の安定性は HOMO と LUMO の相互作用によって決まる(6章参照).

シス-トランス異性体の例

図3・13(a) は2-ブテンのシス-トランス異性体である．2個のメチル基が二重結合の同じ側にあるものを**シス形**といい，2個のメチル基が二重結合の反対側にあるものを**トランス形**という．シス形とトランス形は二重結合が回転できないため，置換基の二重結合に対する空間的な配置が異なる分子となる．このような異性体を**シス-トランス異性体**(*cis–trans* isomer) という．シス形とトランス形の物理的・化学的性質は互いに異なる．

二重結合を回転させるには，π結合を切断しなければならず，大きなエネルギーが必要である．このため，一般に二重結合は回転することができない．しかし，熱を加えたり，光を照射したりすると，π結合が切断されて二重結合が回転可能となり，シス形 ⇄ トランス形の相互変換が起こることがある．

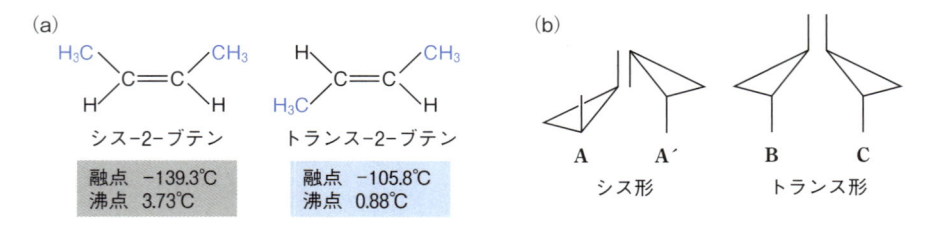

シス-2-ブテン
融点 −139.3℃
沸点 3.73℃

トランス-2-ブテン
融点 −105.8℃
沸点 0.88℃

A　A′　　B　C
シス形　　トランス形

図3・13　**シス-トランス異性体**．(a) 2-ブテン，(b) ジメチルシクロプロパン

二重結合をもたない環状分子でも，C–C結合の回転は環構造により制限されるのでシス-トランス異性体が生じる．分子面（環を平面とみなしたもの）に関して同じ側に置換基があるものがシス形，反対側にあるものがトランス形である．

ここで，ジメチルシクロプロパンについて見てみよう（図3・13b）．**A** は三員環の同じ側，すなわち上側に二つのメチル基があるのでシス形である．一方，**A′** では二つのメチル基が下側にあり，**A** とは別のシス形のようにも見える．しかし，**A′** をひっくり返すと **A** に重なることから，**A** と **A′** は同じ分子であることがわかる．

それに対して，**B** ではメチル基が三員環の反対側にあるのでトランス形である．同様に **C** もトランス形である．ここで，**B** をどのようにひっくり返しても **C** と重なることはない．すなわち，**B** と **C** は互いに異性体の関係にある．

B と **C** はエナンチオマーの関係にある．エナンチオマーについては後述する．

トランス効果

アルケン RHC＝CHR では，トランス形がシス形よりも安定である．これを**トランス効果**という．これは，シス形ではアルキル基 R の立体反発による不安定化が大きいことによる．したがって，すでに示したジメチルエチレンでは，トランス形のほうがシス形よりも安定である（図 3・14）．さらに，よりかさ高いアルキル基が結合している場合，より大きなトランス効果が得られる．

アルキル基の少なくとも一方を非共有電子対をもつヘテロ原子や原子団（F, Cl, OCH₃ など）に置換した場合，シス形がトランス形よりも安定になる．これを**シス効果**という．
このシス効果による安定化の原因は非共有電子対の非局在化にあるが，詳しくは専門書を参照されたい．

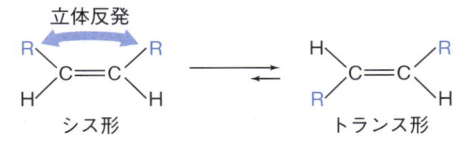

図 3・14　トランス効果

5. エナンチオマー

立体配置（configuration）は結合を"切断"することによってのみ相互変換できる分子の三次元的な形のことをいう．原子の並ぶ順序は同じであるが，立体配置が異なるものを互いに**立体配置異性体**（configurational stereoisomer）という．立体配置異性体には，エナンチオマーとジアステレオマーがある．まず，ここではエナンチオマーについて見てみよう．

ポイント！
立体配置異性体は有機立体化学の中心をなすのでしっかりと理解しよう．

鏡像関係にある分子

自分の姿を鏡に映してみる．すると，自分（実像）と鏡に映った（鏡像）とは決して重ね合わせることはできないことがわかる．図 3・15 に示した炭素原子に四つの異なる置換基が付いた分子 A と B も，同様な鏡像関係にある．ここで，分子 A と鏡に映った B は，結合を切断して原子の配置を変えないかぎり，決して重ね合わせることはできないので，互いに立体配置異性体であることがわかる．このように右手と左手のような鏡像関係にある異性体を**エナンチオマー**（enantiomer，**エナンチオ異性体**，**鏡像異性体**）という．

54　II. 有機分子の構造

実線で表した結合は紙面上にあり，楔（くさび）▶の結合は紙面より手前に伸び，⊫⊫⊫の結合は紙面の奥に伸びていることを表す．▶や⊫⊫⊫では尖った先端が紙面上の原子に付いている．

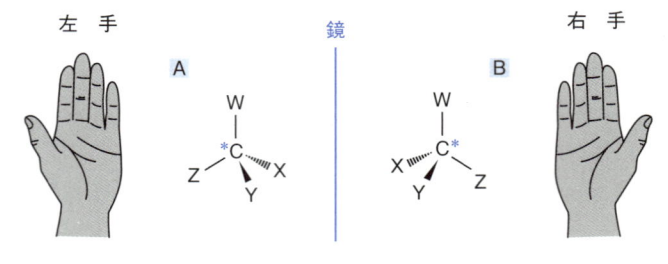

図3・15　エナンチオマー．＊は不斉炭素原子

また，すべて異なる原子（原子団）が結合している炭素原子を**不斉炭素原子**（asymmetric carbon atom）という．エナンチオマーになる条件の一つに，分子が不斉炭素原子をもつことがあげられる．

このため，エナンチオマーを"光学異性体"ということもあるが，現在ではこの言葉の使用は推奨されていない．

エナンチオマーでは，互いの物理的・化学的性質は同じであるが，後述するような光学的性質や生理作用が異なる．

エナンチオマーの性質

まず，エナンチオマーのもつ光学的性質について見てみよう．図3・16 (a) に示すように，エナンチオマーに偏光（振動数のそろった光）を透過させると，それぞれに固有の角度で偏光面が回転する．このような現象を**旋光**（optical rotation）という．このとき，旋光を引き起こす分子は**光学活**

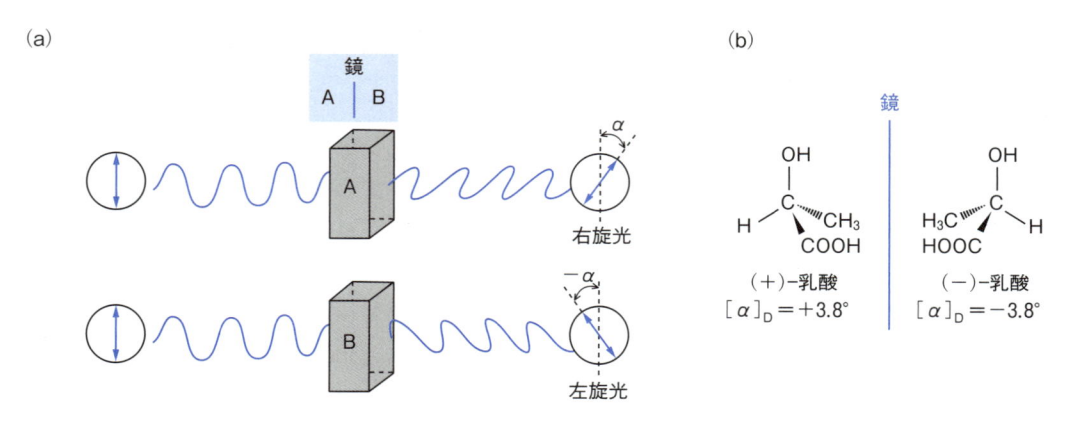

図3・16　一組のエナンチオマー A，B の旋光度（a）および乳酸の旋光度（b）

(+)-乳酸　$[\alpha]_D = +3.8°$
(−)-乳酸　$[\alpha]_D = -3.8°$

性（optical activity）であるという．さらに，一組のエナンチオマーは偏光面を同じ角度で逆方向に回転させる．この回転の角度 α を"旋光度"という．

たとえば，乳酸には偏光面を時計回りに 3.8° 回転させるものと，反時計回りに 3.8° 回転させるものがある（図 3・16b）．ここで，これらのエナンチオマーどうしを等しい量だけ混ぜると光学活性は消失する．つまり，光学不活性となる．このようなエナンチオマーの 1:1 混合物を**ラセミ体**（racemic modification）という．

つぎに，エナンチオマーの生理作用について見てみよう．アミノ酸の一種であるグルタミン酸のナトリウム塩は"うま味"の素であり，調味料として利用されている．図 3・17(a) に示すように，グルタミン酸には D 体と L 体のエナンチオマーが存在する．そのうち，天然に存在するのは L 体のみであり，"うま味"をもつのは L 体のみである．

また，医薬品においては，エナンチオマーの一方のみが効果をもつ場合がある．このため，エナンチオマーの一方のみを選択的につくることは重要である．

偏光面を時計回りに回転させる性質を右旋光性といい，(＋) を付けて表す．一方，反時計回りに回転させる性質を左旋光性といい，(－) を付けて表す．

おいし～ブ～！ 味がしないブ～？

このことを"不斉合成"という．不斉合成については，「有機立体化学（わかる有機化学シリーズ 5）」などを参照されたい．

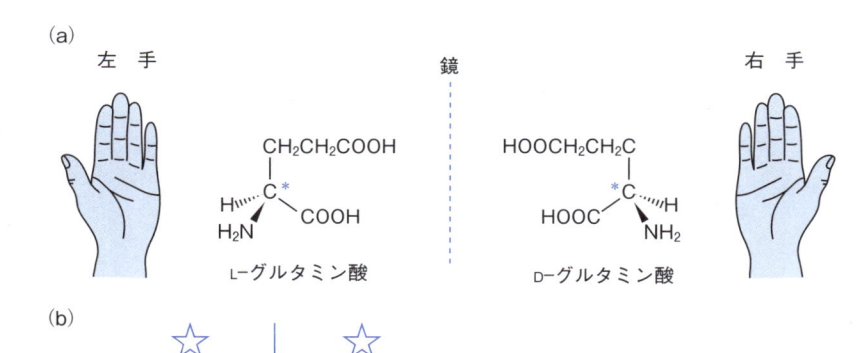

図 3・17 グルタミン酸のエナンチオマー (a) および生理作用発現の違いのしくみ (b)

以上のような生理作用の違いは，なぜ生じるのだろうか？ここでは，ごく単純なモデルを用いて見てみよう．味を感じたり，薬が効果を発揮するには，それらの機能を担う分子が細胞にある受容体に結合することが必要である．ここで，分子と受容体の結合部位の形がフィットしなければならない（図 3・17b）．つまり，一方のエナンチオマーは受容体にフィットし結合して作用を発揮するが，もう一方は受容体にフィットしないので作用を発揮できないのである．

6. ジアステレオマー

エナンチオマーでない立体配置異性体のことを**ジアステレオマー**（diastereomer，**ジアステレオ異性体**）という．複数個の不斉炭素原子をもつ分子では，ジアステレオマーが存在する．ジアステレオマーの物理的・化学的性質はそれぞれ異なる．

ジアステレオマーとエナンチオマーの関係

図 3・18 は 2 個の不斉炭素をもつ分子の立体配置異性体を，フィッシャー投影式で示したものである．ここでは，4 種類の立体配置異性体が存在し，そのうち分子 **A** と **B**，分子 **C** と **D** は互いにエナンチオマーの関係にあり，それ以外はジアステレオマーとなっている．また，主鎖に対して，同じ種類の置換基がある **A** と **B** を**エリトロ形**（erythro form），反対側にある **C** と **D** を**トレオ形**（threo form）という．

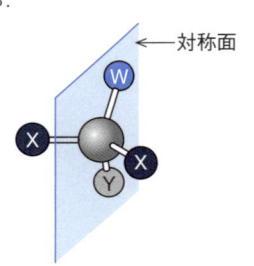

メソ化合物

図 3・19 は前図の分子 **A**〜**D** のエチル基をメチル基に置き換えた分子を示したものである．ここで分子 **G** と **H** は，分子 **C** と **D** の関係と同様に，互いにエナンチオマーである．しかし，分子 **E** と **F** はひっくり返すと互いに重ね合わせることができる．よって，これらは分子 **A** と **B** の関係とは異なり，互いにエナンチオマーでなく，同一の分子であることがわかる．これは，左図に示したように，分子 **E** と **F** は対称面をもつためである．このように，不斉炭素をもちながら同一の分子であるものを**メソ化合物**（meso

---

ポイント！
複数の不斉炭素をもつ分子では，ジアステレオマーが存在する．

不斉炭素を複数個もつ分子のように立体構造が複雑になってくると，旋光度の（＋）体や（－）体のような表示のみでは，立体配置を十分に表せない場合がある．そこで，それぞれの不斉炭素ごとに絶対配置を表す方法として R/S 表示が用いられる．このことについては，「有機立体化学（わかる有機化学シリーズ 5）」を参照されたい．

メソ化合物では対称面をもつため，分子内に鏡像関係が存在するので，互いに打ち消し合い，旋光性が失われる．

←対称面

compound) という．

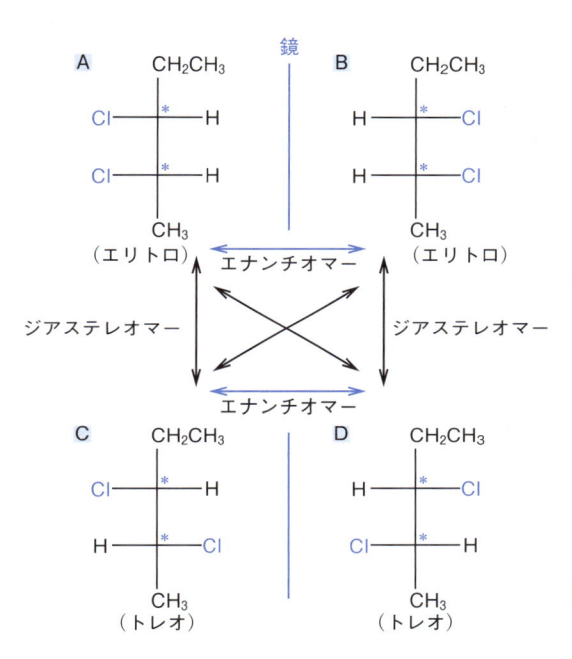

図 3・18　ジアステレオマーとエナンチオマーの関係

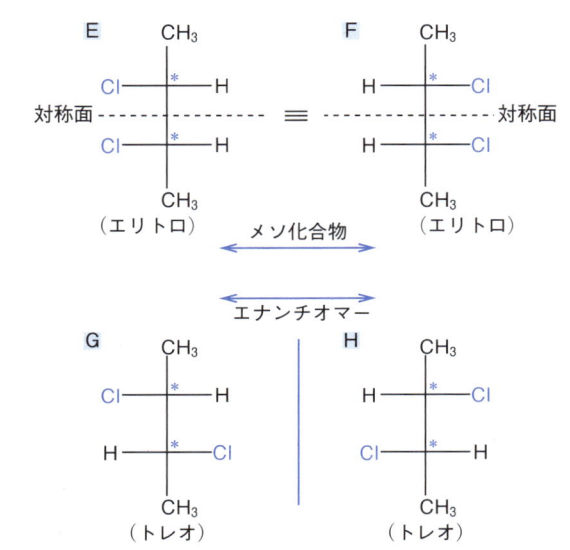

フィッシャー投影式では水平方向の実線が紙面の手前に伸びた結合を，垂直方向の実線が紙面の奥に伸びた結合を示す．

図 3・19　メソ化合物

7. 新しい立体異性体

4章で見るロタキサンやカテナンなどの新しい分子の合成によって，これまでに述べた立体異性体とは違った種類の異性体が出現している．これは化学的な結合はないが，分子がつくる空間の相対的な配置だけが違う異性体である．ここでは，このような新しい異性体について，簡単にふれることにする．

このような立体異性体を**位相立体異性体**（topological stereoisomer）ともいう．

ロタキサンとカテナンの立体異性体

図3・20(a) に示した分子 **A** と **B** は穴の向きの異なるシクロデキストリンに，両端が異なる構造をもつ炭素鎖が通ったものである．分子 **A** と **B** では，分子のつくる空間の相対的な配置だけが異なる，立体異性体の関係にある．

また，図4・22(a) に示す分子シャトルでは，環状分子であるピリジニウム環が，左側のベンジシン上にある場合と右側のジアルコキシビフェニル上にある場合があり，これらも同様に立体異性体の関係にある．

図3・20(b) はカテナンの立体異性体の例である．銅イオンが1価のときは4配位，2価のときは5配位をとるため，銅イオンをもつカテナンに対して酸化還元を行うと，鎖がスライドして立体異性体が生じる．

ポイント！
新たな分子の誕生によって，新しい種類の立体異性体も登場している．

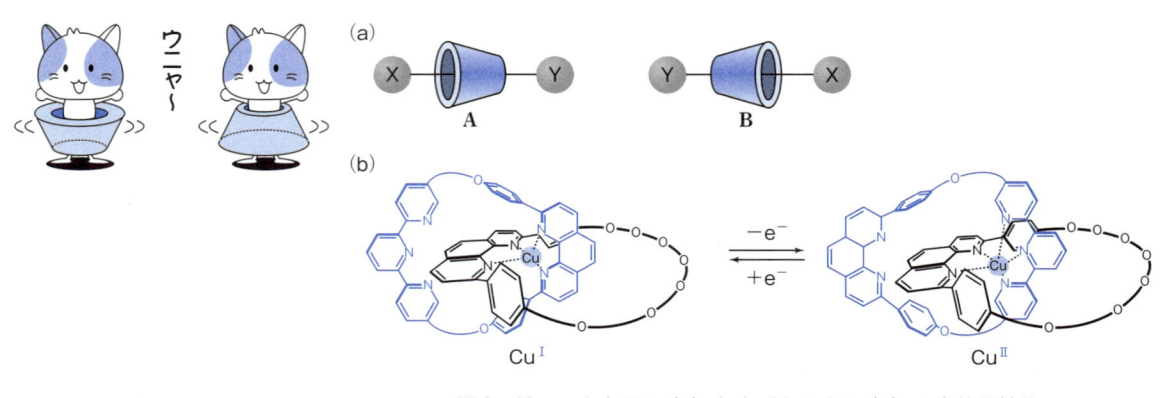

図3・20 ロタキサン(a) およびカテナン(b) の立体異性体

4 超分子の構造

有機分子は分子間相互作用によって集合し，"超分子"とよばれる組織化された構造体を形成することができる．超分子は通常の有機分子に見られない機能を発現することができ，現在，さまざまなものがつくり出されている．超分子の登場によって，分子を超えた新しい化学の地平が切り開かれることとなった．ここでは，代表的な超分子について紹介しよう．

ポイント！
超分子による新たな機能の発現が期待されている．

1. 分子結晶

結晶とは，原子（イオン）や分子が三次元的に規則正しく配列した固体のことをいう．結晶の代表的な例として，鉄などの金属やイオン結合で構成された塩化ナトリウムなどがあげられる．また，すでに見たようにダイヤモンドは共有結合でできた結晶である．さらに，分子間相互作用によって分子が集合してできた結晶も存在し，これを**分子結晶**（molecular crystal）という．ここでは，有機分子により構成された分子結晶について見てみよう．

鉄は金属結晶，塩化ナトリウムはイオン結晶，ダイヤモンドは共有結合結晶の一種である．

物質の集合状態

物質の集合状態には基本的に，固体（結晶），液体，気体の3種類があり，これを**物質の三態**（three states of matter）という．この三態のほかに，"液晶"という状態も存在する．

図4·1は物質の三態における規則性，つまり原子や分子の位置や配向に

固体には結晶のほかに，原子や分子の並び方に規則性のない非晶質（アモルファス）という状態も存在する．代表的なものにガラスがある．

液晶については後述する．

状　態		結　晶	液　晶	液　体	気　体
規則性	位置	○	×	×	×
	配向	○	○	×	×
配列模式図		(整列)	(やや整列)	(乱雑)	(散在)

図 4・1　物質の状態

ついてまとめたものである．結晶にはこの二つの規則性が備わっており，分子は一定の位置で一定の方向を向いて積み重なっている．液体になると，これらの規則性は失われるが，分子間の距離は固体とそれほど変わらず，分子間相互作用が働いて，流動的な状態を保っている．気体では，分子間の距離が相互作用の及ばない程度に離れ，分子はそれぞれ自由に運動している．

結晶中での積み重なり方

　結晶中では原子や分子が規則的に積み重なっている．ここでは，その積み重なり方について見てみよう．原子や分子を最も密に積み重ねる方法には二通りがある．まず，1番目の層の3個の原子で囲まれた中心のくぼみの位置に2番目の層の原子がくる．そして，六方最密充填では，1番目の層の原子の真上に3番目の原子がのっており，ABA型の繰返し構造になっている．一方，立方最密充填では，1番目の層の原子とは異なる位置に原子が並んだもので，ABCABC型の繰返し構造になっている．立方最密充填からは面心立方構造ができる．また，これらの構造のほかに，よく見られるものとして体心立方構造がある．六方最密充填と立方最密充填では空間の体積の74%を球で占めることができる．一方，体心立方構造では68%を占めることができる．

　図4・2はこれらの構造において原子の位置をはっきりと示すために，原子どうしの間隔をあけて書き直したものである．

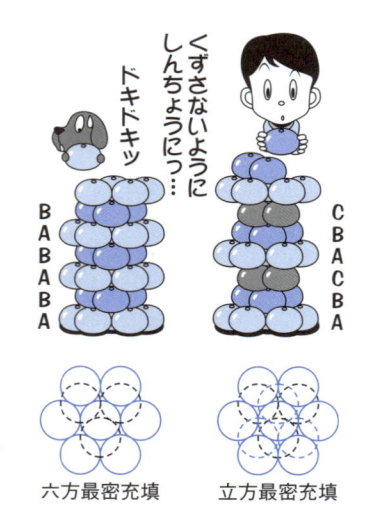

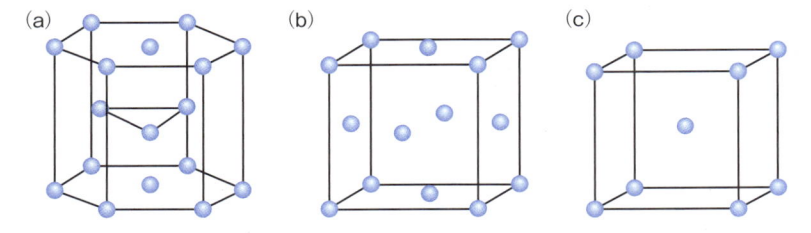

図 4・2 結晶中での原子の積み重なり方．(a) 六方最密充填，(b) 立方最密充填（面心立方構造），(c) 体心立方構造

有機分子による分子結晶

図 4・3 に，有機分子による分子結晶の例を示した．

厳密には有機分子とはいえないが，二酸化炭素分子はファン デル ワールス相互作用によって，面心立方構造をもつ結晶（ドライアイス）を形成する（図 4・3a）．ファン デル ワールス相互作用は弱い力であるので，ドライアイスは容易に気体の二酸化炭素になる．

ポイント！
さまざまな有機分子が結晶状態として存在する．

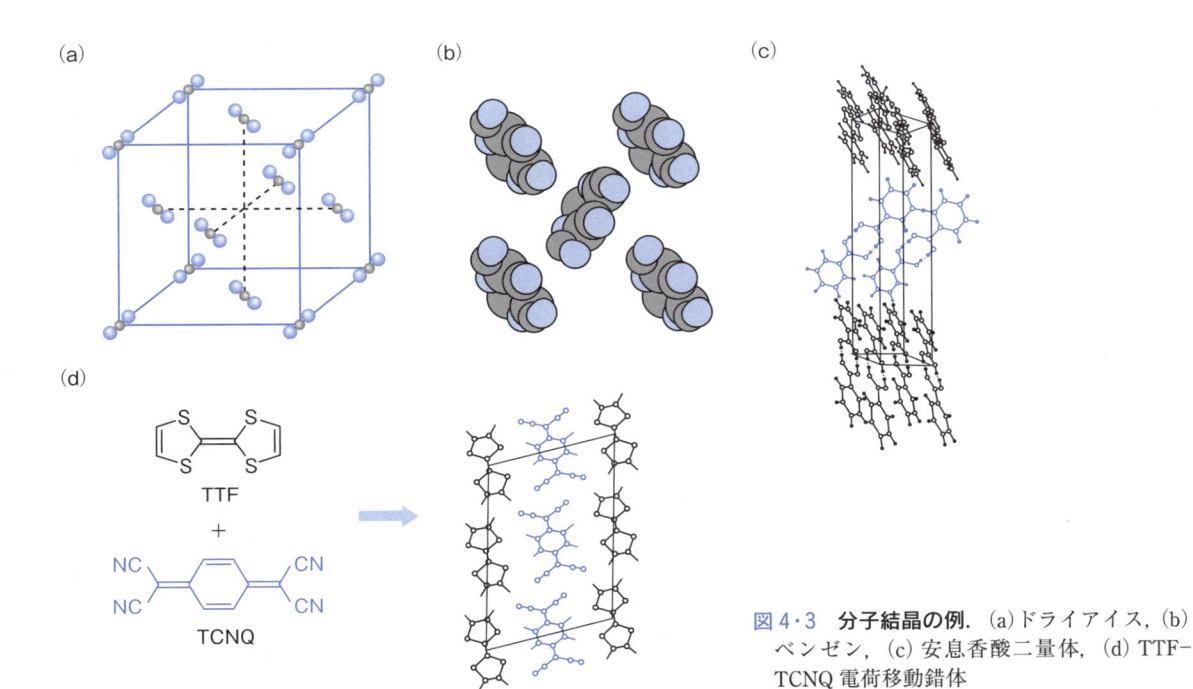

図 4・3 分子結晶の例．(a) ドライアイス，(b) ベンゼン，(c) 安息香酸二量体，(d) TTF-TCNQ 電荷移動錯体

ナフタレンやアントラセンなど，芳香環の数が増えると立体的な配置に制限が生じるのでT字型配列はとりにくくなり，ππスタッキングによって平行に配列した構造をとる場合が増える．

フラーレンを構成する結合には，六員環と五員環の間にある単結合と，六員環と六員環の間にある二重結合の2種類がある．結晶中の分子はこれらの2種類の結合が向かい合う形で存在し，結合の電子密度は単結合で低く，二重結合で高いので，これらの結合の間に静電的相互作用も働く．そのため，結晶中でC_{60}どうしはファン デル ワールス相互作用よりもさらに強い力で結び付いている．

この電荷移動錯体は有機伝導体の代表的なものであり，7章で具体的にふれる．

ベンゼンの結晶では，1章で見たT字型相互作用によって規則的に配列した構造をとっている（図4・3b）．

2章で見た巨大分子であるフラーレンも分子結晶として存在する．たとえば，C_{60}は室温付近では面心立方構造をとり，各分子はそれぞれの位置で自由回転している．

安息香酸は1章で見たように水素結合によって二量体を形成する．そして，この二量体が構成単位となって規則的に配列して結晶ができあがる（図4・3c）．平板状の二量体は互いに異なる三つ方向を向いて並んでいる．このような積み重なり方は，ππスタッキングの作用によるものである．

テトラチアフルバレン（TTF）とテトラシアノキノジメタン（TCNQ）からなる電荷移動錯体も結晶をつくる．結晶中ではππスタッキングの作用により，TTFとTCNQがそれぞれ分かれて配列している（図4・3d）．このような配列の仕方を分離積層型といい，これがTTF-TCNQ錯体に電気伝導性をもたらす要因となっている．

2. 液　　晶

液晶ディスプレイの原理については，「有機機能化学（わかる有機化学シリーズ2）」などを参照．

パソコンや薄型テレビの画面に，いまや液晶は不可欠なものとなっている．**液晶**（liquid crystal）は有機分子が集合してできた状態の一つであり，前節で見たように位置の規則性はほとんど失われているが，配向の規則性は残されている．

液晶になる分子の状態変化

図4・4は液晶になる分子の状態変化について示したものである．このような分子も低温では結晶であるが，これを加熱していくと融点において

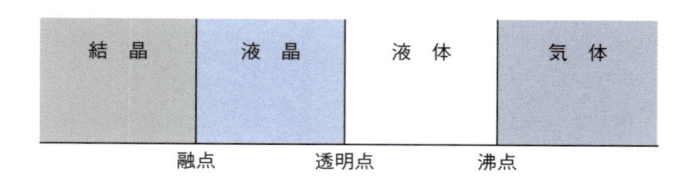

図4・4　液晶になる分子の状態変化

流動的な状態に変化する．ここでは曇りガラスを水で濡らしたような不透明さを呈する．さらに加熱を続けて透明点に達すると，透明な液体になる．液晶とは，この融点と透明点の間の温度範囲で示す特殊な状態に付けられた名称である．つまり，液晶は結晶と液体の中間相のことであり，結晶でありながら，流動的な性質をもっている．

液晶の種類

液晶は分子の形，配向の仕方などによって，いくつかの種類に分けられる．

分子の形による分類

液晶には，棒状分子からなる**カラム状液晶**（columnar liquid crystal）と，円盤状分子からなる**ディスコチック液晶**（discotic liquid crystal）がある．一般的に，棒状分子は芳香環などの固い構造や極性基を含み，端に柔らかい炭化水素鎖が付いたものである．一方，円盤状分子は芳香環などの固い構造を中心として，そのまわりに柔らかい炭化水素鎖が付いている（図4・5）．

カラミチック液晶ともいう．

図4・5　**液晶分子の構造**．(a) カラム状液晶，(b) ディスコチック液晶

液晶分子が集合する駆動力となるのは，おもに芳香環間のππスタッキングと，炭化水素鎖間のファン デル ワールス相互作用である．また，極性基をもつ液晶分子では，双極子-双極子相互作用が働く．

ポイント！
液晶状態は分子間相互作用によってつくられる．

分子の配向の仕方による分類

図4・6には，液晶分子の配向の仕方による分類を示した．

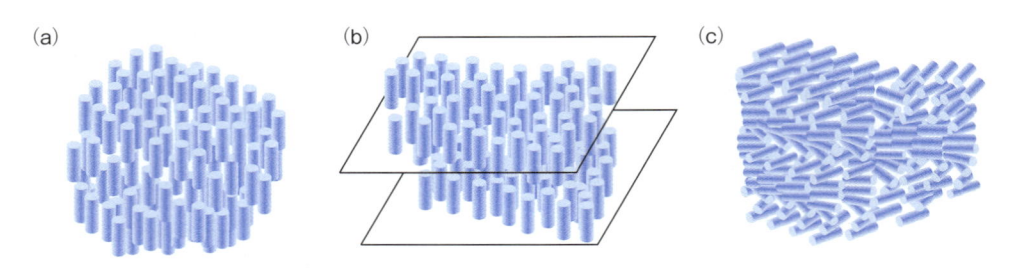

図4・6 液晶分子の配向の仕方による分類．(a) ネマチック液晶，(b) スメクチック液晶，(c) コレステリック液晶

ネマチック（nematic）**液晶**は位置の規則性を完全に失っているが，配向性の規則性は残っており，典型的な液晶状態である．

スメクチック（smectic）**液晶**は水平方向の規則性は失っているが，垂直方向の規則性は残している状態である．すなわち，層構造を形成しており，層内での分子の移動は起こるが，層の間では移動が起こらない．

コレステリック（cholesteric）**液晶**は最初にコレステロールで発見された状態なので，このような名称が付けられた．コレステリック液晶は，ネマチック液晶がらせん状に積み重なった状態である．らせん構造をとるのは，分子が不斉要素をもつためであり，分子は同じ向きで重なるよりも，少し角度をもって重なったほうが安定であることによる．このことから，コレステリック液晶は"キラルネマチック液晶"ともいう．

ディスコチック液晶の配向の仕方には，分子がランダムに積み重なったものと円柱状に積み重なったものがある．前者を"ディスコチックネマチック液晶"という．

液晶が生じる環境の違い

液晶状態の現れ方は環境によっても左右される．図4・4で見たようにある温度範囲で出現するものを**サーモトロピック**（thermotropic）**液晶**という．また，セッケン液などで見られるように，溶液中における分子の濃度がある特定の範囲になると出現するものを**リオトロピック**（lyotropic）

分子がらせん状にねじれていって360°回転し，元の向きに戻るときの液晶相の厚さをピッチという．ピッチは温度などによって異なる．コレステリック液晶は虹のような美しい色を呈し，この干渉色はピッチによって異なる．このため，干渉色で温度を表す体温計などに利用されている．
下記にコレステリック液晶の分子構造例を示した．

液晶という.

超分子液晶

これまでは単独の分子による液晶の例について見てきた．一方，分子間相互作用によって二つ以上の分子が集合してできた超分子が液晶状態を示すことがある．このようなものを**超分子液晶**（supramolecular liquid crystal）という．

図4・7(a)は，2個の安息香酸誘導体と1個のビピリジンとの間の水素結合によってできた細長い超分子であり，ネマチック液晶を形成することが知られている．また，図4・7(b)は二つの分子と銅イオンが配位結合することによってできた超分子であり，このような分子も液晶状態を示す．

図4・7 超分子液晶の例． (a) 水素結合性，(b) 配位結合性

3. 分 子 膜

多数の分子が集合して整然と並び，膜状になったものを**分子膜**（molecular membrane）という．分子膜は分子組織体の代表的なものの一つである．生体中の細胞膜も分子膜と同様の構造をもつため，分子膜は医療用素材などとして注目されている．

ポイント！

分子膜は分子集合体の代表的なものであり，生体に最も近い超分子といえる．

両親媒性分子

分子膜は両親媒性分子によってつくられる．**両親媒性分子**（amphiphilic molecule）は水に溶ける親水性部分と水に溶けない疎水性部分を合わせもっている．その代表的なものは，セッケン分子である（図4・8）．セッケ

両親媒の"媒"は溶媒（溶かすもの），"親"は親しむ（溶ける）という意味である．つまり，両親媒性分子は水にも油にも溶ける性質をもつ分子のことをいう．

66   Ⅱ. 有機分子の構造

CH$_3$—CH$_2$—CH$_2$—〰—CH$_2$—C(=O)O$^{\ominus}$ Na$^{\oplus}$

疎水性部分　　　親水性部分

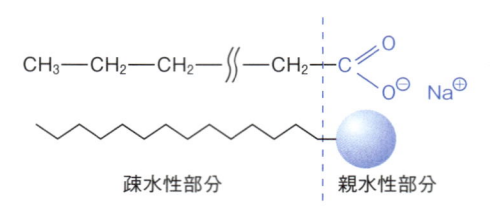

図 4・8　両親媒性分子（セッケン）

ン分子のカルボキシ陰イオン部分はイオン性なので親水性であり，アルキル基の部分は疎水性である．

分 子 膜

　両親媒性分子を水に溶かすと，親水性部分は水中に入り，疎水性部分は水を避けて空気中に残る．その結果，両親媒性分子は親水性部分を下にして，逆立ちしたような形で水面（界面）に並ぶ．両親媒性分子の濃度が高くなると，分子は隙間なく並び，水面を膜状に覆う．このような状態の分子集団を"分子膜"という．図 4・9(a)のように分子が一層に並んでできたものを**単分子膜**（monomolecular membrane）という．また，単分子膜が 2 枚重なったもので，疎水性部分が向かい合ってできたものを**二分子膜**（bimolecular membrane），親水性部分が向かい合ったものを**逆二分子膜**（reverse bimolecular membrane）という（図 4・9b, c）．

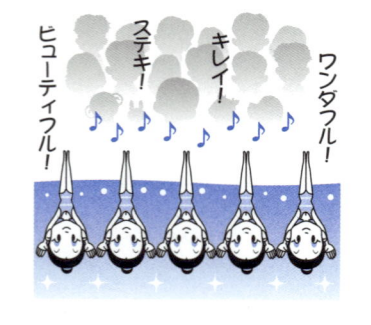

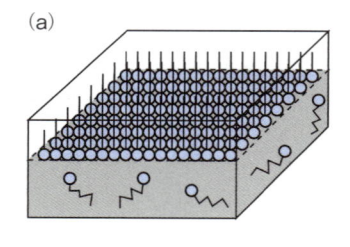

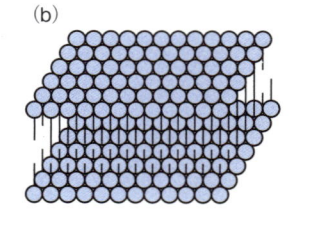

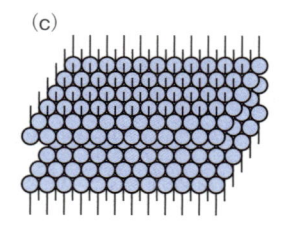

図 4・9　**分子膜**．(a) 単分子膜，(b) 二分子膜，(c) 逆二分子膜

　分子が集まって分子膜をつくる駆動力は，おもにファン デル ワールス相互作用と疎水性相互作用である．

ミセルとベシクル

水面が分子膜で覆われた状態から,さらに濃度を高めると,水面に並ぶことのできなくなった両親媒性分子は水中に散らばる.そして,さらに濃度が高まると,これらが集合する.このとき,疎水性部分は水を避けようとするため,疎水性部分を内側にし,親水性部分を外側に向けた球状の構造ができる(図4・10a).これを**ミセル**(micelle)という.このようにミセルの形成には,疎水性相互作用が関係している.

また,疎水性部分が向かい合っている二分子膜でできた球状の構造を**ベシクル**(vesicle)という(図4・10b).

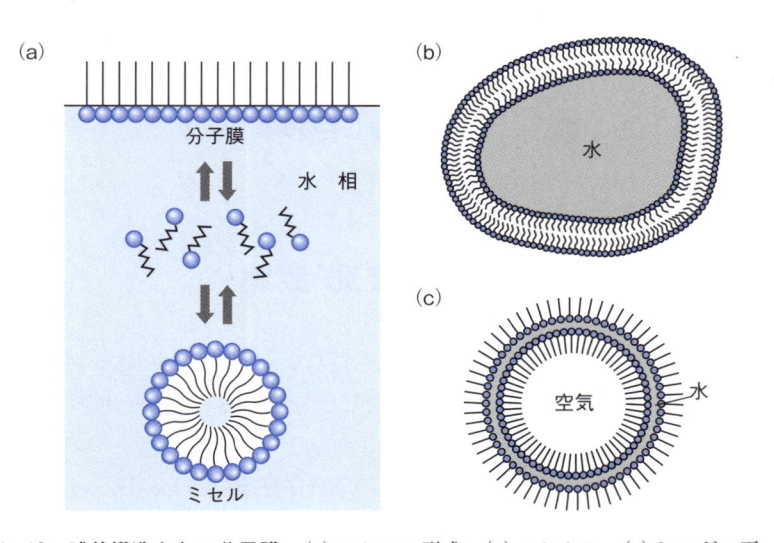

> シャボン玉は親水性部分が向かい合ってできた球状の構造をした逆ベシクルからなり(図4・10c),疎水性部分に囲まれた中心には空気が,親水性部分のすき間には水が入っている.

図4・10 球状構造をもつ分子膜.(a)ミセルの形成,(b)ベシクル,(c)シャボン玉

細 胞 膜

細胞膜(cell membrane)は,リン脂質という両親媒性分子からなる二分子膜でできている.リン脂質はグリセロールがもつ3個のOH基に一つのリン酸基と二つの脂肪酸が結合したものである(図4・11a).負電荷をもったリン酸基は水になじみやすく,脂肪酸の炭化水素鎖は水になじみにくい性質をもつ.細胞膜中のリン脂質どうしは結合しているわけではなく,膜の中を自由に移動することができる.このような流動性のある膜に

> 二分子膜で構成された細胞膜は,細胞を周囲から仕切って,細胞内を保護するだけでなく,化学反応が効率よく行われる場,いわば反応容器の役割を果たしている.

タンパク質やコレステロールなどが入ってできたものが,細胞膜である(図4・11b).

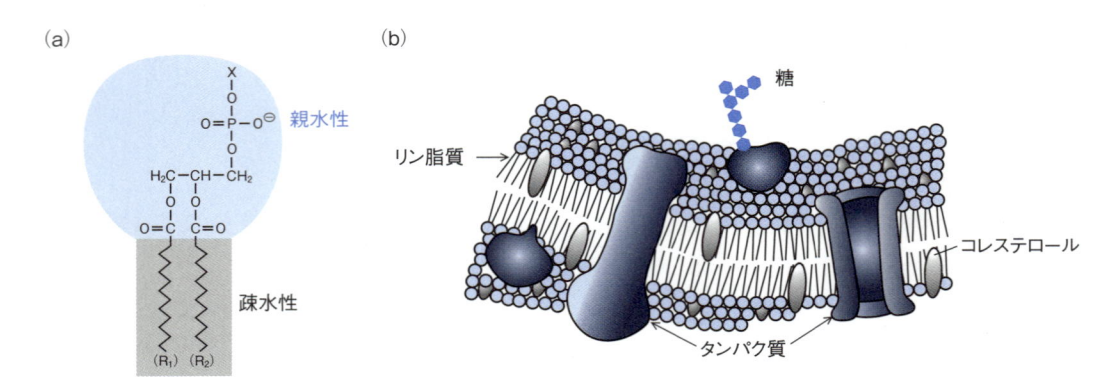

図4・11 リン脂質(a)および細胞膜(b)の構造

4. 包 接 化 合 物

ポイント!
ホスト・ゲストの化学は超分子化学の中心的な位置を占め,分子認識の基礎として重要である.

ある分子が他の分子やイオンを包み込むようしてできた化合物を**包接化合物**(inclusion compound)という.ここで包み込む分子を**ホスト**(host)といい,包み込まれるものを**ゲスト**(guest)という.ホスト・ゲストの化学は分子が特定の対象を識別するという**分子認識**(molecular recognition)に基づいている.

クラウンエーテル

包接化合物の代表的なものに**クラウンエーテル**(crown ether)がある.図4・12(a)に示したように,クラウンエーテルは王冠の形をした環状エーテルである.
クラウンエーテルの酸素原子は負の電荷を帯びているので,それぞれの空孔のサイズに適した金属イオン M^{n+} を取込むことができる.ここでは,クラウンエーテルがホスト,金属イオンがゲストに相当し,このような化合物を"ホスト−ゲスト錯体"とよぶ.この場合,錯体を形成する駆動力は

15-クラウン-5,18-クラウン-6などの表記において,最初の数字は環をつくる全原子の個数,最後の数字は酸素原子の個数を表す.

酸素原子と金属イオンの間に働く，静電的相互作用である．

空孔とイオンのサイズから，15-クラウン-5 (1.7〜2.2 Å) は Na^+ (1.9Å) と，18-クラウン-6 (2.6〜3.2Å) は K^+ (2.7Å) と安定な 1：1 錯体を形成する．しかし，このようなイオン選択性はサイズ適合のみからすべて説明できるわけではない．図 4・12(b) に示すように，空孔よりもイオンのサイズが大きい場合でも，サンドイッチ型の錯体を形成してイオンを取込むことができる．逆に，空孔よりもイオンのサイズが小さい場合は，クラウン環に 2 個のイオンを取込んだ錯体を形成する場合もある．さらには，環のコンホメーションを変化させ，三次元的な包接構造を形成してイオンを取込むことも可能である．

クラウンエーテルの場合，アルカリ金属イオンおよびアルカリ土類金属イオンと安定な錯体を形成する．一方，酸素の一部を窒素や硫黄に代えると，銀などの遷移金属イオンと錯体を形成する．

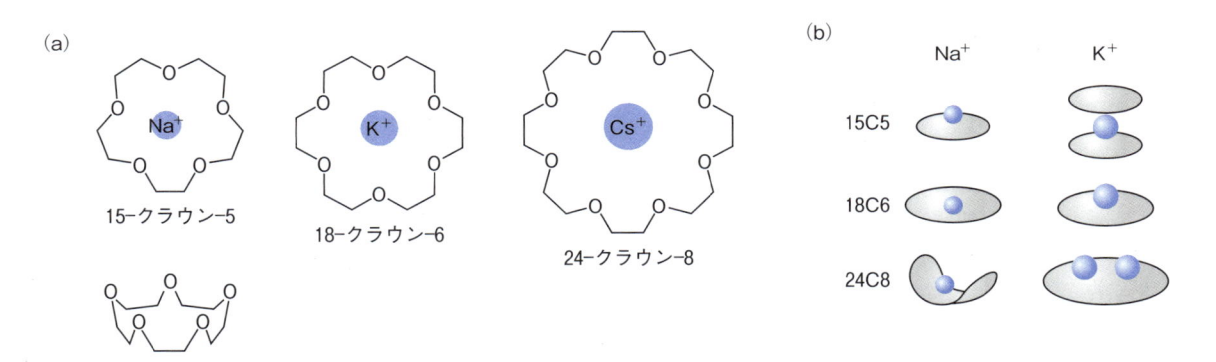

図 4・12　**クラウンエーテル**．(a) 代表的な例，(b) 包接様式の変化

シクロファン

いくつかのベンゼン環をメチレン基でつないだ環状分子を**シクロファン** (cyclophane) という (図 4・13)．1 章で見たように，ベンゼン環は内側が負に帯電しているので静電引力によって金属カチオンを，またベンゼン環との π 電子水素結合やスタッキングによって芳香族分子などを取込むことができる．

この場合もクラウンエーテルと同様に，包接の様式はさまざまである．

錯形成反応

クラウンエーテル C と金属イオン M^{n+} による錯体の形成 $C+M^{n+} \rightarrow CM^{n+}$ は平衡反応であり，平衡定数 K は (1) 式で定義される．

$$K = \frac{[CM^{n+}]}{[C][M^{n+}]} \qquad (1)$$

この場合，K を**錯形成(生成)定数** (formation constant) とよび，値が大きいほど錯形成反応が進みやすいことを示す．

化学熱力学の基本式によれば，平衡定数 K はギブズ自由エネルギー ΔG を用いて (2) 式で表される．

$$\Delta G = -RT \ln K \qquad (2)$$

さらに，ΔG はエンタルピー ΔH，エントロピー ΔS と式(3)で関係付けられる．

$$\Delta G = \Delta H - T\Delta S \qquad (3)$$

ここで，$\Delta G < 0$ の場合に生成物ができる方向に反応が進行する．ΔH は定圧反応における反応エネルギーを表す指標であり，錯形成反応によって安定な生成物ができた場合は $\Delta H < 0$（発熱反応）となるので，反応を進行させることができる．

一方，生成物において ΔS が増加すれば，反応を進行させることができる．このことは，錯形成反応が必ずしもエントロピー的に有利ではないことを示している．つまり，エントロピーは系の乱雑さを表す指標であり，C と M^{n+} という二つの要素からなる出発系は，CM^{n+} という一つの要素からなる生成系よりも乱雑であるので，錯形成反応が進行するとエントロピーは減少することになる．

にもかかわらず，このような反応が進行するのは，エントロピーによる不利をエンタルピーが補っていること，および反応物だけでなく，溶媒などまで含めて考えると，必ずしも生成系のエントロピーが大きく減少しているわけではないことに由来する．

すなわち，出発系では M^{n+} が裸のままであり，そのため，溶媒は M^{n+} に引き寄せられて組織化された状態にある（図1）．つまり，溶媒のエントロピーは小さいのである．しかし錯体が生成すると，溶媒は M^{n+} の束縛から自由になる．すなわち，エントロピーが増大する．このことは，反応物だけでなく，溶媒の状態が変われば ΔG が変化し，それが K の値に影響することを示している．

以上のような錯形成反応では，反応物を取巻く溶媒との相互作用など，各種の要素を総合的に考える必要がある．

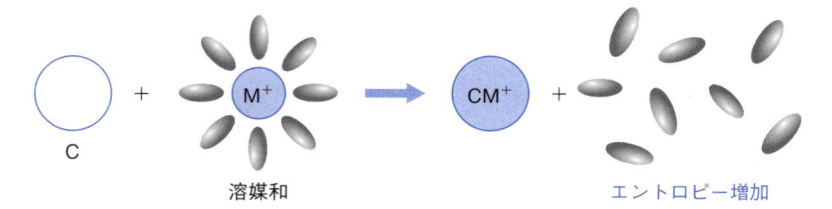

図1 錯形成反応におけるエントロピーの変化

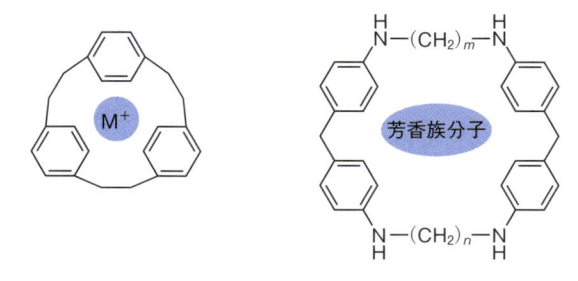

図4・13 シクロファンの例

シクロデキストリン

デキストリンとはグルコース(ブドウ糖)がいくつか結合したオリゴマーのことをいう．**シクロデキストリン**（cyclodextrin）はこのようなオリゴマーの両端が結合して環状になった分子である（図4・14）．グルコースの個数によってα型（6個），β型（7個），γ型（8個）に区別される．

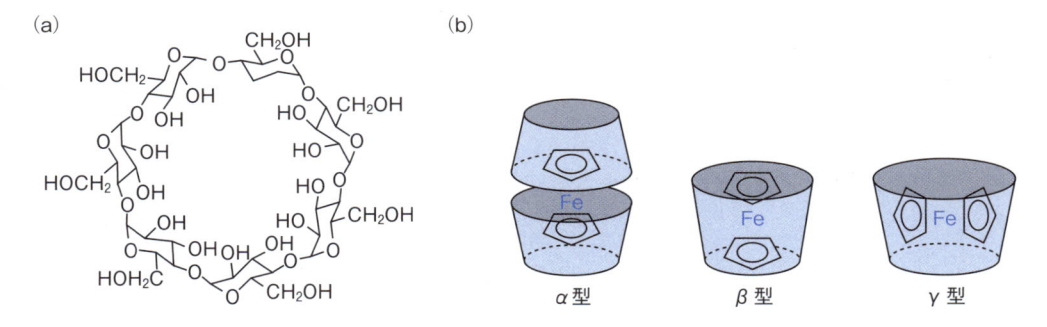

図4・14 **シクロデキストリン**．(a) β-シクロデキストリンの構造式，(b) 包接様式（フェロセンの場合）

シクロデキストリンはバケツの形をした分子であり，バケツの両方の縁に親水的なヒドロキシ基が存在するため，水に溶かすことができる．一方，内側の空間は疎水的な環境にあり，無極性分子などを取込むことができる．つまり，疎水性分子はシクロデキストリンの中に取込まれることによって，水中に安定した状態で存在することが可能となる．
この場合の分子間相互作用はおもにファン デル ワールス相互作用であ

るが，ヒドロキシ基との水素結合も重要である．

カリックスアレーン

"カリックス"はギリシャ語で"杯"のことをさす．

フェノール環でできた杯状の分子を**カリックスアレーン**（calixarene）という（図4・15）．

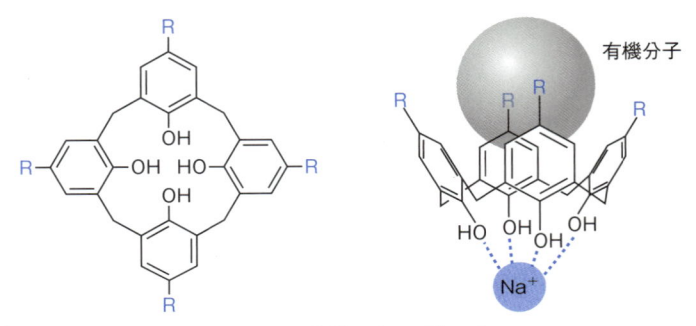

図4・15 カリックスアレーン

この分子の特徴は，"杯"の上の縁に炭化水素基が付き，下の縁にヒドロキシ基が付いていることである．そのため，上の縁ではファン デル ワールス相互作用によって有機分子を捕らえ，下の縁では水素結合による静電的な引力によって金属イオンを捕らえることができる．

すなわち，通常なら水に溶ける金属イオンと，有機溶媒に溶ける有機分子とは一緒になることがなく，これらは反応できる環境にはない．しかし，カリックスアレーンを用いれば両者を引き合わせて，反応の場を提供することが可能となる．

5. 集積型金属錯体

ポイント！
集積型金属錯体は多様な機能をもつ，次世代の新しい物質群として注目されている．

金属と有機分子からなる錯体が集合してできた構造体を**集積型金属錯体**（assembled-metal complex）という．集積型金属錯体は単独の錯体では見られない物性や反応性を得ることができるため，さまざまな集積型金属錯体がつくり出されている．ここでは，いくつかの例を紹介する．

図4・16　配位子が超分子である錯体

配位子が超分子である錯体

　通常の錯体では金属と配位子の間には配位結合があるが，配位子どうしには特別の関係は見られない．ところが，図4・16に示したものは4個の配位子 A が水素結合によって大環状構造 B を形成し，これら二組の大環状構造が金属イオンをはさんで配位している．これは配位子が超分子構造をもつことによって安定した錯体 C を得ることができる例である．

直線状に伸びた錯体

　鉄は6配座金属として6個の窒素原子と配位結合をつくることができる．トリアゾール誘導体 A は1分子内に鉄に配位できる窒素原子が2個ある．各窒素がそれぞれの鉄に配位すれば，無限に伸びた —N—Fe—N—

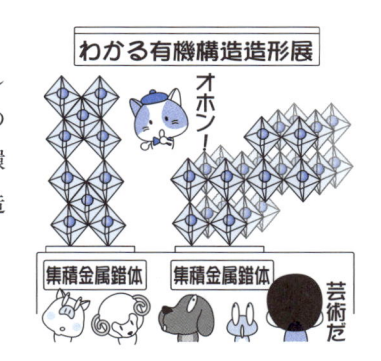

図4・17　直線状に伸びた錯体

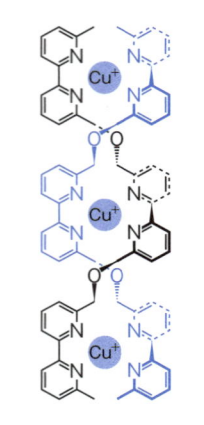

図4・18 ヘリケート

N—Fe—N— 骨格をつくることが可能である．

図4・17の **C** は，鉄と3個の **A** が配位結合してできた単位構造 **B** が，連結することによって一次元の直鎖状分子を形成したものである．

らせん状に伸びた錯体

図4・18に示すように，ビピリジン（図4・19の **B** 参照）は窒素原子を2個もつ配位子であり，これらが複数個結合してできたポリビピリジンは銅イオン Cu^+ と配位結合することで，DNAに似たらせん状の構造を形成する．このような錯体を**ヘリケート**（helicate）という．ここでは各ビピリジンが Cu^+ と四面体状に配位し，最も安定ならせん構造を形成しており，原料を混ぜただけで自発的にヘリケートを得ることができる．

平面状に広がる錯体

図4・19の分子 **C** は，パラジウム錯体 **A** とビピリジン **B** が配位結合することによってできた単位構造であり，**分子スクエア**（molecular square）

図4・19 分子スクエア

とよばれるものである．

　分子スクエアがパラジウムイオンを介して連続的に結合すると，**D**のような二次元に広がった平面形の構造体をつくることができる．個々の単位構造の内部には，シクロファンと同様に芳香族など疎水性分子を取込むことができる．

三次元に積み重なった錯体

　図4・20の配位子**A**は3個の銅イオンと配位して，**B**のような構造体をつくる．ここで銅イオンは4座配位子であるので，さらに2個の原子と配位結合する．したがって，1個の2座配位子ビピリジン**C**と配位結合できる．**B**の3箇所に結合している3個の銅がそれぞれ**C**と配位結合すると，構造体**D**ができる．

　ここで，ビピリジンが何個も結合した**E**を用いると，**D**が上下に何個も重なった三次元構造体**F**ができる．このような構造をもつものを**分子ラック**（molecular rack）という．

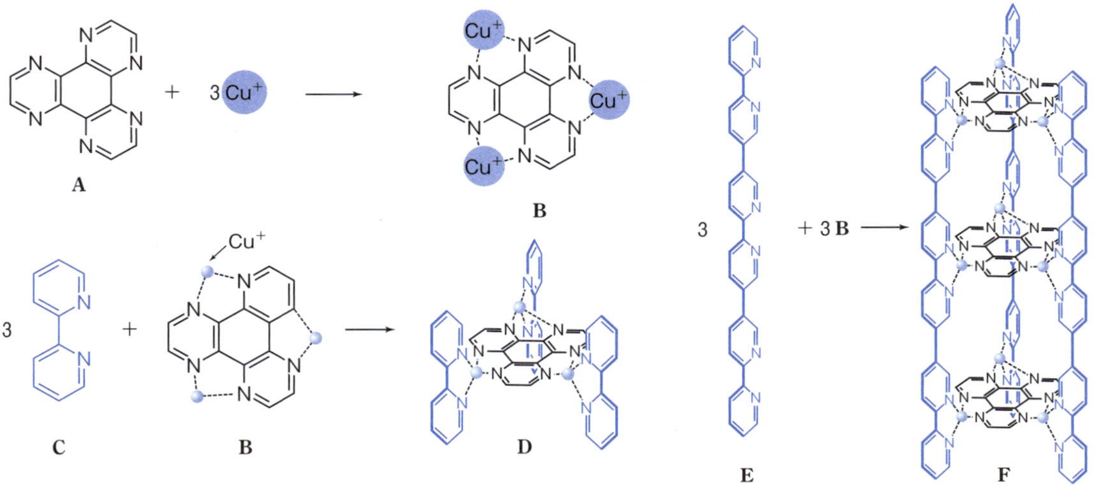

図4・20　三次元に積み重なった錯体

6. その他の超分子

ポイント！
さまざまな超分子にふれることは，有機構造化学の知識を豊かなものにする．

これまでに見てきた超分子のほかにも，さまざまな種類のものがある．ここでは，共有結合からなり本来の超分子とは異なるものも含めて紹介する．また，超分子は生体においても重要な役割を果たしており，その代表的な例についても見てみよう．

水素結合による超分子

最も単純な超分子として，水素結合による安息香酸の二量体の例をすでに1章で見た．ここでは，2個のカルボキシ基をメタ位にもつ分子を考えてみよう．カルボキシ基の間では安息香酸と同じように，水素結合が形成される．この結果，6個の分子が連結すると，ちょうど一周して元に戻り，大環状の超分子ができる（図4・21）．六角形の集合体になるのは，2個のカルボキシ基の角度が120°であるためである．水素結合は方向性をもち，多重結合を形成するという特徴を利用して，さまざまな構造体を設計することができる．

図4・21　水素結合による超分子

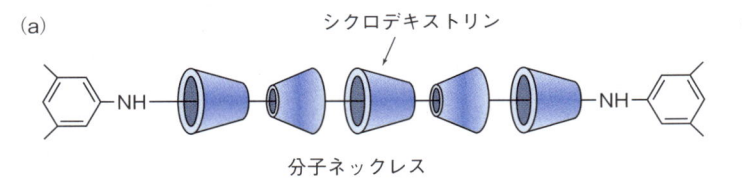

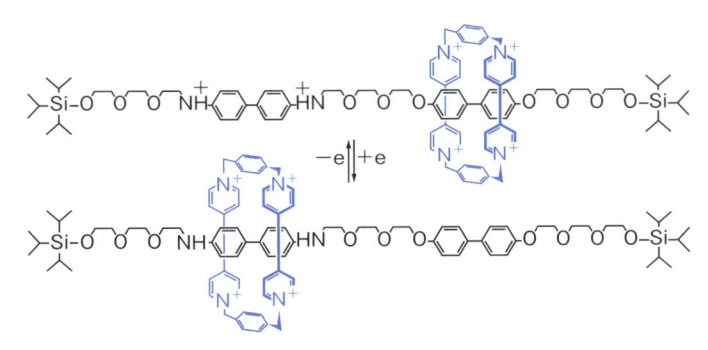

図 4・22 ロタキサン（a）とカテナン（b）

カテナン，ロタキサン

　ここでは，環状分子からなる超分子の代表的なものを紹介しよう．

　ロタキサン（rotaxane）は分子の"投げ縄"といわれ，環状分子の中に鎖状分子が通っている超分子である（図4・22a）．鎖状分子の両端に大きな置換基が付いているので，環状分子を抜くことはできない．1本の鎖にシクロデキストリンなどの多数の環状分子を通した**分子ネックレス**（molecular neckless）とよばれるものや，環状分子が鎖状分子の上を往復運動する**分子シャトル**（molecular shuttle）などが合成されている．

　カテナン（catenane）はいくつかの環状分子が"知恵の輪"のようにつながったできたものである（図4・22b）．環状分子は互いに結合していないが，はずれることはない．カテナンでもロタキサンと同様の分子間相互作用が働き，安定なコンホメーションを保っている．

　以上のロタキサンとカテナンは分子間相互作用を利用した鋳型合成によってつくられる．

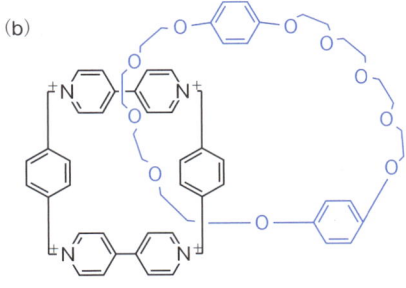

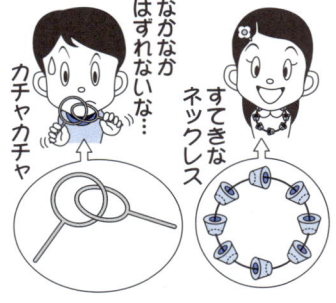

シクロデキストリンの内側と鎖状分子の間にはファン デル ワールス相互作用が働いている．また，分子シャトルでのシャトルの移動には水素結合やスタッキング，電荷移動相互作用がかかわっている．

5個の環状分子からなる"オリンピアダン"というカテナンも合成されている．この超分子はオリンピックマークと同様の構造をもつので，このように名付けられた．

分子シャトルの原理や鋳型合成については，「有機機能化学（わかる有機化学シリーズ2）」などを参照されたい．

デンドリマー

デンドリマーはギリシャ語の樹木に由来する．

デンドリマー（dendrimer）は共有結合でできているので，本来の超分子とは異なるが，超分子と共通する特徴をもつので，ここで紹介しておこう．デンドリマーは規則的な枝分かれ構造をもつ樹木状の高分子である（図4・23）．放射状に広がった三次元の球状構造をしており，その内部は空洞になっているのでさまざまな分子を取込むことができる．

一般的な高分子をつくる単位分子は，1分子内に反応点が2個あるので，反応を繰返すと長い鎖状の分子になる．ところが，デンドリマーの単位分子（モノマー）は反応点が3個あるので，反応を繰返すと1世代目は2個，2世代目は4個，3世代目は8個…というように 2^n 個ずつ増加し，放射状に広がった樹木状構造を形成する．

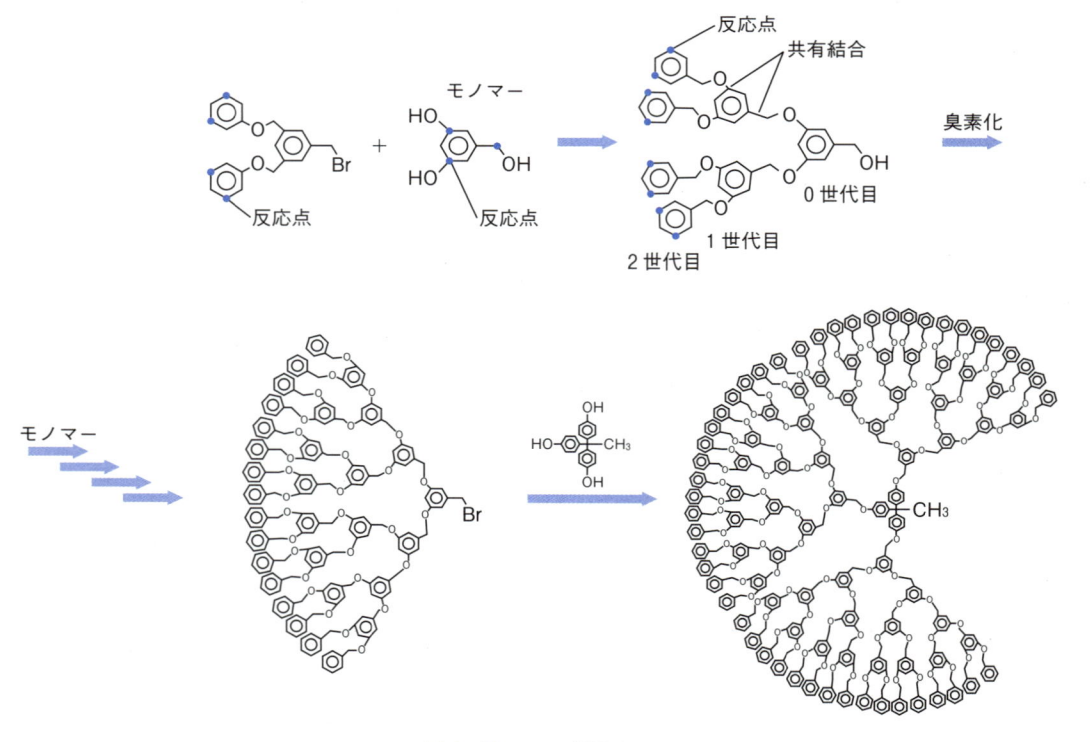

図4・23 デンドリマー

生体における超分子構造

生体は超分子の宝庫である．多くの超分子が生命の維持に重要な役割を果たしている．1章で見た二重らせん構造をもつDNAはその典型的な例である．

酵素（enzyme）は生体内での重要な反応を促進するタンパク質でできた触媒である．酵素の特徴は，ある特定の化学反応のみを選択的に行うことである．その理由は，酵素と基質との間には「鍵と鍵穴」の関係があり，特定の酵素が特定の分子のみを認識するためである．これらが特異的に認識できるのは，酵素と基質が適切な形で相互作用できる部位が存在し，これらの間に水素結合が働くためである（図4・24a）．このような酵素と基質が一体化した複合体を経て，つまり超分子構造を利用して，生体では化学反応を特異的に進行させているのである．

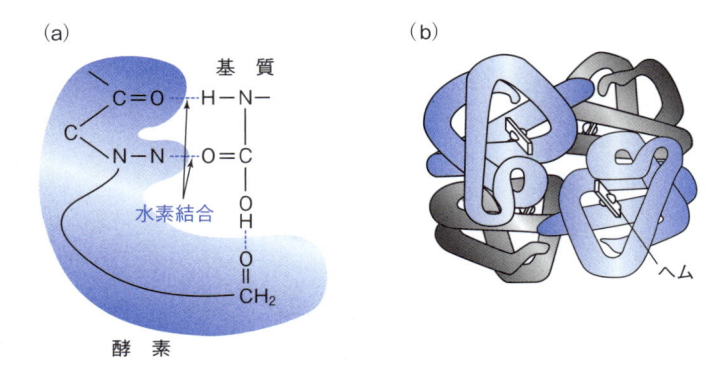

図4・24 **生体内における超分子構造**．(a) 酵素-基質複合体，(b) ヘモグロビン

ヘモグロビン（hemoglobin）は脊椎動物の血液中で酸素の運搬を行うタンパク質である．その構造は，すでに1章で見たαヘリックスが折りたたまれてできた2種類のサブユニット（超分子）が2個ずつ，さまざまな分子間相互作用によって集合してできたものである（図4・24b）．それぞれのサブユニットにはヘムとよばれる鉄を含む錯体が1個ずつ存在し，酸素運搬において中心的な役割を果たしている．このように，生体にはいくつかの超分子が集合して，さらに高次の構造をもつ**超分子組織体**（supramolecular structure）が存在する．

ポイント！
生体は超分子の宝庫である．

III

有機分子と分子軌道

5 有機分子の分子軌道

　分子中での電子の空間的な分布やエネルギーなどは，分子の物性や反応性などに重要な影響を与える．このような分子中での電子の状態を**電子構造**（electronic structure）という．分子の電子構造を理解するには，分子軌道法が有効な道具となる．ここでは，有機分子の電子構造を分子軌道法によって見てみよう．

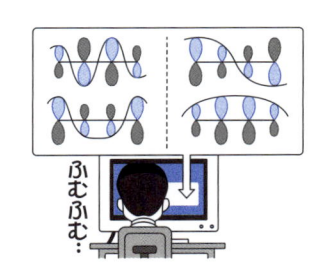

1. 分子軌道とは

　まず，原子軌道から分子軌道がどのようにできるのかを見てみよう．

原子軌道と分子軌道

　すでに，1章で見たように，分子軌道（MO）は個々の原子軌道（AO）が他の原子軌道と相互作用して変形することで形成される．ここで，原子軌道は原子中の電子状態を波動関数 ϕ で表したものであるので，分子軌道も波動関数 Ψ で表すことができる．一般に，分子軌道は（5・1）式のように，原子軌道の線形結合で近似できる．たとえば，原子 A と原子 B から分子ができる場合，

$$\Psi = c_A \phi_A + c_B \phi_B \quad (5 \cdot 1)$$

となる．ここで，分子のエネルギーが最小になるように係数 c_A と c_B を決定すれば，基底状態の分子軌道を得ることができる．

ポイント！
分子軌道は原子軌道の相互作用によってつくられる．

分子軌道法の計算の仕方に関しては，本書では省略するので，他書を参照されたい．

分子軌道の具体例

最も簡単な分子である水素分子の分子軌道について見てみよう．図5・1(a) に示すように，2個の水素原子の原子軌道が相互作用して変形すると，2種類の分子軌道ができる．

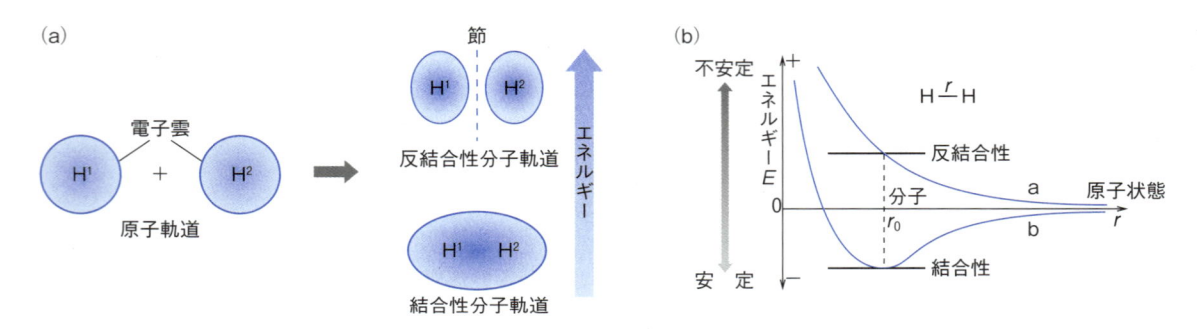

図5・1 水素分子の分子軌道 (a) および水素原子間の距離とエネルギー (b)

二つの水素原子の原子軌道 ϕ_{H^1} と ϕ_{H^2} の和 ($\phi_{H^1} + \phi_{H^2}$) からは，**結合性分子軌道** (bonding molecular orbital) ができる．結合性分子軌道は両方の原子核を覆い，そのエネルギーは低い．2個の電子は原子核の中間に存在する確率が最も高いので，2個の原子核を結び付けることができる．一方，原子軌道 ϕ_{H^1} と ϕ_{H^2} との差 ($\phi_{H^1} - \phi_{H^2}$) からは，**反結合性分子軌道** (antibonding molecular orbital) ができる．反結合性分子軌道はエネルギーが高く，二つの原子核の間に電子が存在しない"節"をもつため，結合を形成することができない．水素分子の例からもわかるように，分子軌道は原子軌道の数だけ生じる．つまり，ここでは二つの原子軌道から，一つの結合性分子軌道と一つの反結合性分子軌道ができたのである．

図5・1(b) は2個の水素原子からなる系のエネルギーと原子間距離の関係を示したものである．ここで，縦軸はエネルギーを示し，水素原子どうしが無限に離れたときを基準 ($E = 0$) とする．

曲線 b は，両原子が近づくとマイナス側に下降する．これは，系がエネルギー的に安定化することを示している．やがて，曲線 b は極小値を示すが，このときの r_0 が水素分子における原子間の結合距離に相当する．さ

らに，原子が近づくと，原子核間の静電的な反発が起こるため，曲線 b は上昇し，エネルギー的に不安定な状態になる．一方，曲線 a は，水素原子どうしが近づくにつれて，上昇を続ける．

ここで曲線 b に従う軌道は結合性分子軌道に，曲線 a に従う軌道は反結合性分子軌道に相当する．結合性分子軌道は系を安定化し結合をつくるように作用するが，反結合性分子軌道は系を不安定化するように作用する．図における結合距離 r_0 では，結合性分子軌道と反結合性分子軌道の軌道エネルギーの絶対値は等しくなっている．

つぎに，炭素原子の p 軌道による σ 結合と π 結合ついて見てみよう．図 5・2(a) に示したように，二つの p_x 軌道が x 軸方向にそって近づくことで σ 結合を形成する．ここでも，結合性分子軌道と反結合性分子軌道ができる．一方，二つの p_z 軌道が近づいて側面を接することで π 結合を形成する．このときも，σ 結合と同様に，2 種類の分子軌道ができる（図 5・2b）．

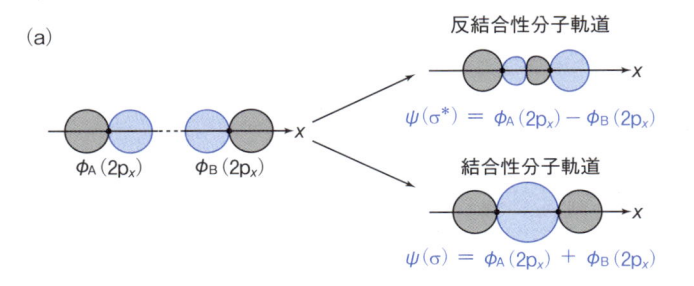

(a)

$$\psi(\sigma^*) = \phi_A(2p_x) - \phi_B(2p_x)$$

$$\psi(\sigma) = \phi_A(2p_x) + \phi_B(2p_x)$$

反結合性分子軌道であることを示すために，＊を付けて σ^*，π^* のように記述し，結合性分子軌道 σ，π と区別する．

(b)

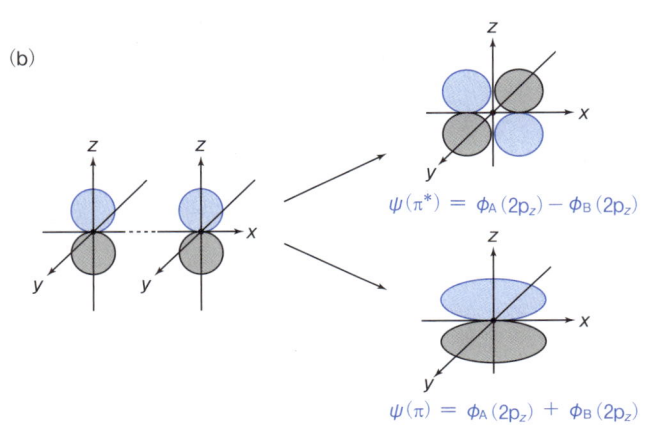

$$\psi(\pi^*) = \phi_A(2p_z) - \phi_B(2p_z)$$

$$\psi(\pi) = \phi_A(2p_z) + \phi_B(2p_z)$$

図 5・2　σ 結合 (a) および π 結合 (b) の分子軌道

軌道の位相の違い

図5・2では，軌道を2種類の色（灰色と水色）で区別してある．これは軌道の"位相"の違いを色で区別したものである．波動関数は電磁波と同様な波とみなすことができる．波は節の前後で位相が変化し，正と負の領域に分けられる（図5・3）．そして，この正と負の位相を色で区別したものが，図5・2である．

波動関数においては，$\phi_A + \phi_B$ が同位相で重なることを示し，$\phi_A - \phi_B$ が逆位相で重なることを示している．図5・2からわかるように，同位相（水色と水色，あるいは灰色と灰色）どうしの重なりでは，それらの相互作用領域に電子がたまるので，結合性分子軌道を形成する．一方，逆位相（水色と灰色）どうしの重なりでは，それらの相互作用領域では電子が排除されるので，節をもつ反結合性分子軌道を形成する．

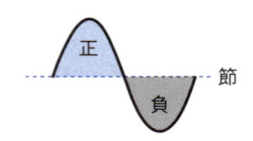

図5・3 波の位相

位相の正と負を＋と－で表すこともあるが，電荷と間違わないように注意しよう．

ポイント！
同位相の原子軌道どうしが相互作用したとき，結合が形成される．

軌道関数の形

結合性分子軌道は同位相どうしの重なりによってできるので，その軌道関数を示すと図5・4のようになる．一方，反結合性分子軌道は逆位相どうしの重なりによってできるので，その軌道関数を示すと図のようになる．このような軌道関数は曲線の形（対称性）と節の数によって表すことができる．ここで，結合性分子軌道では曲線が左右対称である対称関数（S）であり，節の数はゼロであるのでS(0)と表記する．一方，反結合性分子軌道では曲線が左右対称でない反対称関数（A）であり，一つの節をもつのでA(1)と表記する．

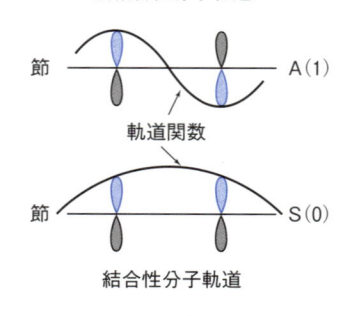

図5・4 軌道関数

2. 分子軌道のエネルギー

ここでは，分子軌道のエネルギーについて基本的な例をもとに見てみよう．

ポイント！
エネルギー準位の基本的なパターンを覚えておこう．

同じ種類の原子からなる場合

まず，二つの同じ原子軌道からできる分子軌道について見てみよう．図5・5は2個の炭素原子からなるσ結合とπ結合のエネルギー準位をそれ

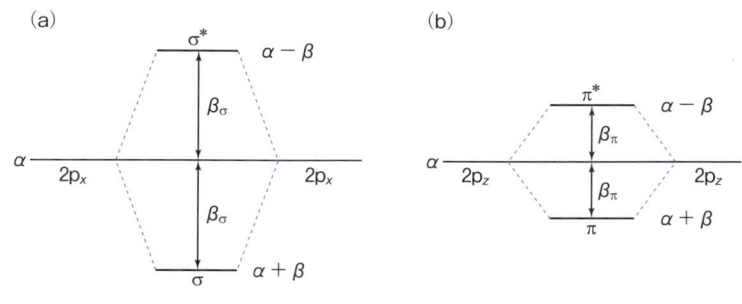

図5·5 σ軌道(a)およびπ軌道(b)のエネルギー準位

ぞれ示したものである．ここで，炭素原子のp軌道のエネルギーをαとすると，結合性分子軌道はβだけ低く，反結合性分子軌道はβだけ高くなる．よって，結合性分子軌道のエネルギーは$(\alpha+\beta)$，反結合性分子軌道のエネルギーは$(\alpha-\beta)$となる．αとβはともに負の値であるので，αよりも$(\alpha+\beta)$のほうが低く，$(\alpha-\beta)$のほうが高い．

また，βの絶対値はσ結合のほうがπ結合よりも大きいため（$|\beta_\sigma|>|\beta_\pi|$），結合性分子軌道のエネルギーはσ結合のほうがより低くなる．これは，σ結合のほうがπ結合よりも安定であることを示している．

2個の水素原子からなる水素分子も同様のエネルギー準位を示す．

異なる種類の原子からなる場合

つぎに，二つの異なる原子軌道からなる分子軌道のエネルギー準位について見てみよう．図5·6は二つの原子軌道のエネルギーにある程度の差がある場合のエネルギー準位を示したものである．ここで，α_Aがα_Bよりもエネルギーが低いとする．このとき，結合性分子軌道はAの原子軌道よりもΔEだけ低くなり安定化し，反結合性分子軌道はBの原子軌道より

ここでαとΔEは負の値をとる．

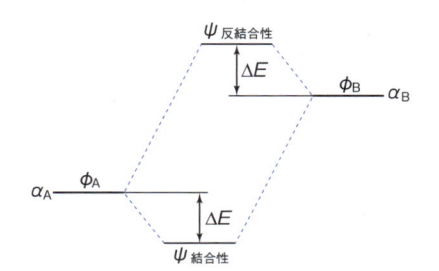

図5·6 二つの異なる原子軌道からなる分子軌道のエネルギー準位

も ΔE だけ高くなり不安定化する．

分子軌道の電子配置

分子軌道法の利点の一つは，結合エネルギーを簡単に求めることができることである．

まず，分子軌道に電子を入れてみよう．ここでは，図5・5で示したπ結合を例にあげる．まず図5・7に示すように，二つのp軌道には電子が1個ずつ入っている．これらのp軌道が重なり合ってπ結合ができると，p軌道の電子はπ結合の分子軌道に入る．

分子軌道へ電子が入るとき，下記のような約束があるが，これは原子軌道の場合と同じである．

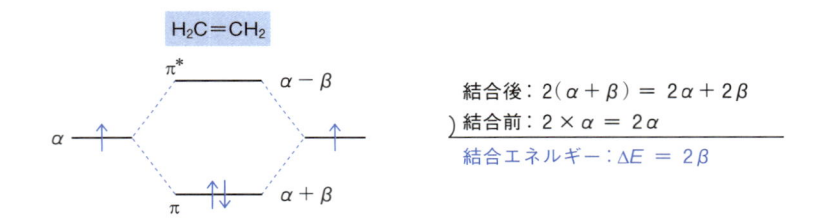

図5・7 π結合の電子配置と結合エネルギー

H$_2$C=CH$_2$

結合後：$2(\alpha + \beta) = 2\alpha + 2\beta$
結合前：$2 \times \alpha = 2\alpha$
結合エネルギー：$\Delta E = 2\beta$

① エネルギーの低い軌道から順に入る．
② 一つの分子軌道には2個までの電子が入ることができる．
③ この場合に，スピンの向きは逆にする．

これらの約束に従うと，π結合を構成する2個の電子は，エネルギーの低い結合性分子軌道に，互いにスピンを逆向きにして入ることになる．これはエチレン CH$_2$=CH$_2$ のπ電子配置に相当する．

結合エネルギー

π結合ができたことによって，二つのp軌道の2個の電子は，結合性分子軌道に入った．この電子のエネルギーは，$(\alpha+\beta)$の軌道に2個であるから，合わせて$2(\alpha+\beta)$となる（図5・7）．結合が生成するまえは，この電子はp軌道に入っていたのだから，そのエネルギーは電子2個で2αで

水素分子の結合エネルギーも同様に与えられ，2βとなる．また，ヘリウム原子は分子を形成しないが，この理由は以下のように説明できる．仮に分子をつくったとすると，ヘリウム分子の電子は4個あるので，結合性分子軌道と反結合性分子軌道が一杯になる．この結果，電子のエネルギーの合計は結合前が4α，結合後が4αとなり，結合エネルギーはゼロとなる．よって，ヘリウム分子は存在できないのである．

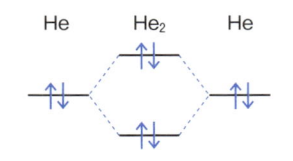

He　He$_2$　He

結合後：$2(\alpha+\beta)+2(\alpha-\beta) = 4\alpha$
結合前：4α

$\Delta E = 0$

ある.
　すなわち，π結合ができることによって，2α のエネルギーが $2(\alpha+\beta)$ に変化し，エネルギーが低下したのである．この両者の差，2β は結合することによって安定化したエネルギーであり，結合エネルギーに相当する．
　このように，分子軌道法ではエチレンのπ結合エネルギーは，2β と求められる.

3. 偶数炭素系の直鎖状共役分子

　分子軌道法は共役分子の電子構造を理解するための重要な道具となる．共役分子に対しては，近似を導入してπ電子系だけを扱ったヒュッケル分子軌道法が用いられる.

> ポイント！
> 基本的な共役分子の分子軌道を理解しよう.

ブタジエンの分子軌道
　ここでは，偶数個の炭素原子からなる基本分子であるブタジエン C_4H_6 について見てみよう．ブタジエンは4個の炭素原子の間に2本の二重結合と1本の単結合が並んだものであり，π電子雲は4個の炭素原子の間に広がって非局在化している.
　分子軌道は分子の結合を忠実に反映するものである．したがって，ブタジエンの非局在π結合の分子軌道は，共役系全体を表現しなければならない．すなわち，ブタジエンのπ結合の分子軌道 Ψ は，炭素 $C_1 \sim C_4$ 上に存在するp軌道関数 $(\phi_1 \sim \phi_4)$ を使って表現することになる.
　図5・8はブタジエンの非局在π結合を表す分子軌道のエネルギー準位である．ここで注意すべき点を以下にまとめた.
　① 分子軌道は非局在π結合を構成するp軌道の本数だけできる．したがって，ブタジエンの場合には四つの分子軌道ができる.
　② 分子軌道のエネルギーはp軌道のエネルギー α を中心にして，上下対称に配列する.
　③ α より低いエネルギーの軌道はすべて結合性分子軌道であり，α より高いエネルギーの軌道はすべて反結合性分子軌道である.
　④ 分子軌道のエネルギーは $\alpha+2\beta$ から $\alpha-2\beta$ の間に限定される.

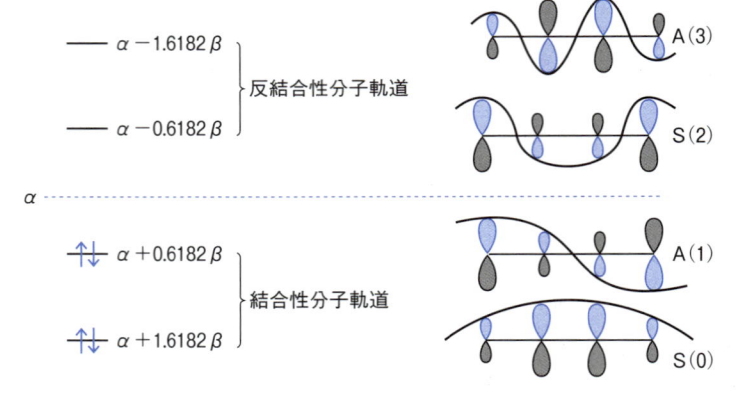

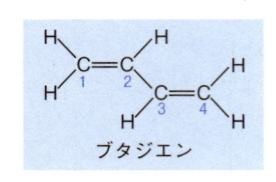

図 5・8 ブタジエンの π 結合分子軌道

軌 道 関 数

図 5・8 にはブタジエンの非局在 π 結合の軌道関数も示してある．ここで注意すべき点を以下にまとめた．

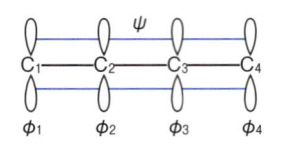

① 対称性は，最もエネルギーの低い軌道が S（対称）であり，その上に A（反対称）が位置し，S，A，S，A…の順に積み重なっていく．

② 節の数は最もエネルギーの低い軌道が 0 個であり，その上に 1，2，3 個の軌道が積み重なっていく．

すなわち，最も安定な軌道は節がなく，エネルギーが高くなるにつれて節の数が増え，最もエネルギーの高い軌道では，すべての原子軌道の間に節が存在する．

結合エネルギー

ブタジエンの非局在 π 結合は四つの p 軌道から構成され，各 p 軌道には 1 個ずつの電子が存在するのだから，ブタジエンの π 電子は合計 4 個である．この 4 個の π 電子は二つの結合性分子軌道に 2 個ずつ入ることになる．ここで，π 電子のエネルギーは結合前が 4α，結合後が $2(\alpha+1.6182\beta)+2(\alpha+0.6182\beta)$ である．したがって，ブタジエンの π 結合エネルギーは，4.478β と求まる．

この結合エネルギーは，ブタジエンの π 結合が非局在化しているとして求めたものである．もし，ブタジエンの π 結合が非局在化していないと仮定したら，その結合エネルギーはどのようになるだろうか？

図 5・9 はブタジエンの π 結合が非局在化した場合と，非局在化していない（局在化した）場合とを比較したものである．非局在化していない場合のブタジエンの π 結合部分は，エチレンの π 結合部分と同じである．したがって，この場合の π 結合エネルギーはブタジエンの π 結合エネルギー 2β の 2 倍，つまり 4β となる．

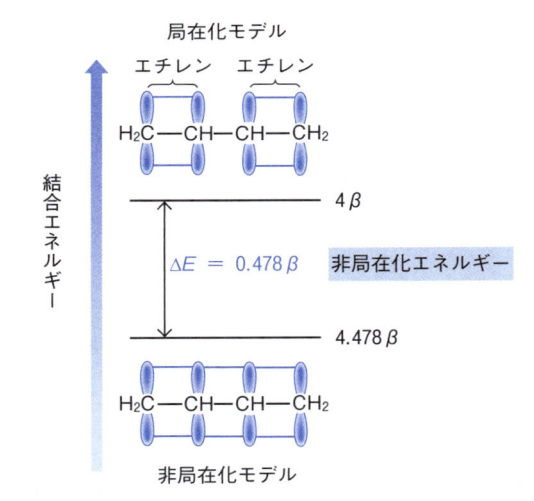

図 5・9 非局在化エネルギー

非局在化エネルギー

ブタジエンの π 結合は，実際には非局在化しているので，ブタジエンの実際の π 結合エネルギーは前項で求めたように 4.478β である．それでは，局在化していると仮定した場合の結合エネルギー 4β との差，つまり 0.478β は何を意味するだろうか？

これは，ブタジエンの π 結合は局在化しているより，非局在化したほうが安定なことを意味しており，その安定化の程度が 0.478β であることを示す．これを **非局在化エネルギー** (delocalization energy) という．

このように π 結合の結合エネルギーは，非局在化したほうが大きくな

る．そのため，例外的な場合を除いて π 結合は可能なかぎり非局在化しようとする．

4. 奇数炭素系の直鎖状共役分子

奇数炭素系直鎖状共役分子では，偶数炭素系では見られない新たな分子軌道が生じる．

アリルの分子軌道

ここでは，奇数炭素系における最も簡単な非局在 π 結合の例として，アリル（ラジカル）の分子軌道を見てみよう．アリルの非局在 π 結合は，3 個の炭素 $C_1 \sim C_3$ によって構成される．したがって，分子軌道もこれら 3 個の炭素上にある，三つの p 軌道を使って表される．その結果，アリルの分子軌道は三つ存在することになる．

エネルギー準位

図 5・10 は，アリルの分子軌道のエネルギー準位である．配置の仕方は前節で見たように，α を中心に上下対称に存在する．

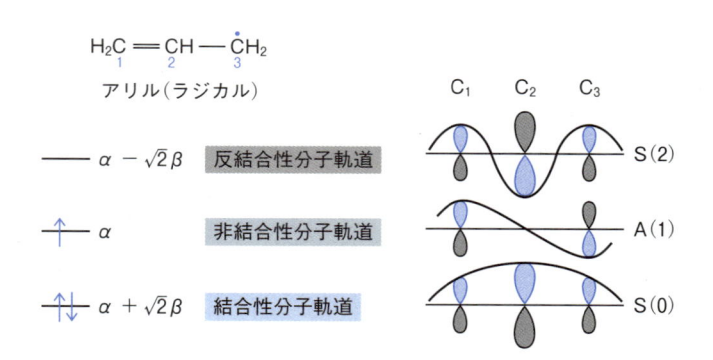

図 5・10 アリル（ラジカル）の分子軌道

アリル（ラジカル）: $H_2C = CH - \overset{\cdot}{C}H_2$ (C_1, C_2, C_3)

- $\alpha - \sqrt{2}\beta$ 反結合性分子軌道 S(2)
- α 非結合性分子軌道 A(1)
- $\alpha + \sqrt{2}\beta$ 結合性分子軌道 S(0)

結合後：$\alpha + 2(\alpha + \sqrt{2}\beta)$
結合前：3α
$\Delta E = 2\sqrt{2}\beta$

しかし，奇数個（この場合3個）の分子軌道が上下対称に配置するためには，中央の分子軌道のエネルギーは α に等しくならなければならない．この軌道は，α よりエネルギーの低い結合性分子軌道でもなく，α よりエネルギーの高い反結合性分子軌道でもない．このように，エネルギーが α の軌道を**非結合性分子軌道**（nonbonding molecular orbital，**n 軌道**）という．

ポイント！
奇数個の炭素からなる共役分子では，非結合性分子軌道をもつことが特徴となっている．

分子軌道の組立て方

本文中ではブタジエンの分子軌道について結果だけを述べ，その組立て方についてはふれなかった．ここでは，最も簡単な方法を例にして組立て方を見てみよう．

この方法では，ブタジエンの炭素 C_2 と C_3 との間と，炭素 C_1 と C_4 の間の 2 箇所に分けて，これらの π 軌道（π_{23} と π_{14}）どうしの相互作用を考える．このときの相互作用は一つの軌道と一つの軌道の間でのものとする．

図1に，ブタジエンの分子軌道の組立てを示した．ここでの相互作用は同じ対称性をもつ軌道どうしに限られる．以下，S は対称性軌道，A は反対称性軌道を表す．

ψ_1：$\pi_{23}(S)$ と対称性 $\pi_{14}(S)$ が相互作用して生じた，最もエネルギーの低い軌道である．$\pi_{23}(S)$ が主となり，同位相で $\pi_{14}(S)$ を少し取込む．

ψ_2：$\pi_{14}^*(A)$ と $\pi_{23}^*(A)$ が相互作用し，$\pi_{14}^*(A)$ が主となり，同位相で $\pi_{23}^*(A)$ を少し取込む．

ψ_3：$\pi_{14}(S)$ が主となり，逆位相で $\pi_{23}(S)$ を少し取込む．

ψ_4：$\pi_{23}^*(A)$ と $\pi_{14}^*(A)$ が相互作用して生じた，最もエネルギーの高い軌道である．π_{23}^* が主となり，逆位相で $\pi_{14}^*(A)$ を少し取込む．

以上のように，ブタジエンでは S, A, S, A の順に四つの π 電子分子軌道ができあがる．

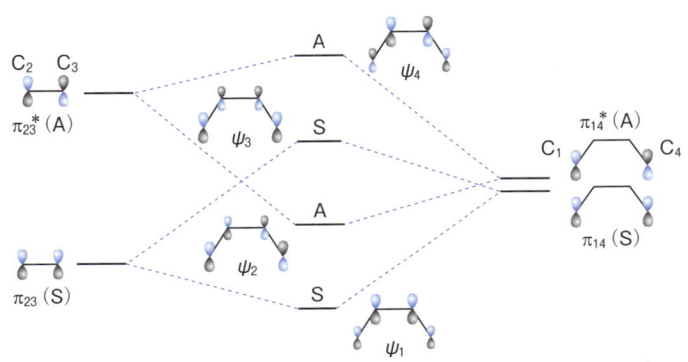

図1 ブタジエンの分子軌道の組立て方

図5・10に示した軌道関数はこれまでに示したとおりであるが，注意すべきは非結合性分子軌道の関数であり，中央の炭素 C_2 上の関数がゼロとなる節をもつ．

電子配置と結合エネルギー

中性のアリルは，三つの p 軌道に合計3個の π 電子が存在する．3個の電子のうち2個は結合性分子軌道 $(\alpha+\sqrt{2}\beta)$ に入り，残り1個が非結合性分子軌道 (α) に入る．この結果，結合エネルギーは $\{2(\alpha+\sqrt{2}\beta)+\alpha\}-3\alpha=2\sqrt{2}\beta$ となる（図5・10）．

アリルカチオンでは2個の電子が結合性分子軌道に入る．よって，結合エネルギーは $2(\alpha+\sqrt{2}\beta)-2\alpha=2\sqrt{2}\beta$ となる．一方，アリルアニオンでは結合性分子軌道と非結合性分子軌道に2個ずつ入る．よって，結合エネルギーは $\{2(\alpha+\sqrt{2}\beta)+2\alpha\}-4\alpha=2\sqrt{2}\beta$ となる．

以上のように，非結合性分子軌道に入った電子は，結合エネルギーに寄与しない．これが非結合性といわれるゆえんである．

5. 直鎖状共役ポリエン

これまでに偶数炭素系のブタジエンと奇数炭素系のアリルについてふれた．ここでは，直鎖状共役分子の分子軌道を一般化した形で見てみよう．

共役ポリエンの分子軌道

これまでの復習をかねて，図5・11には炭素原子が3～6個からなる共役分子の分子軌道とエネルギーの関係を示しておく．

以下，このような分子軌道を一般化した，n 個の炭素原子上に広がる非局在 π 結合を見てみよう．このような非局在 π 結合の分子軌道エネルギーは，簡単な作図によって求めることができる．すなわち，図5・12(a)に示したように，中心を α に置いた半径 2β の半円を描き，さらに円周角 $180°(\pi)$ を，炭素の個数 n に1を足した数字，つまり $(n+1)$ で割った角度で等分していく．このとき，各半径の線と円周の交点の高さが軌道エネルギーを与える．

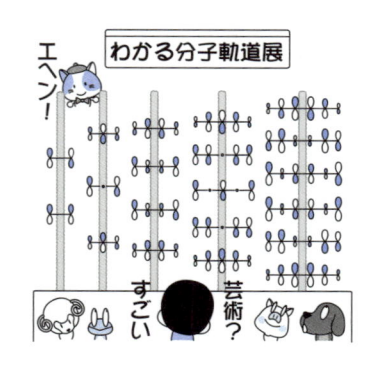

5. 有機分子の分子軌道

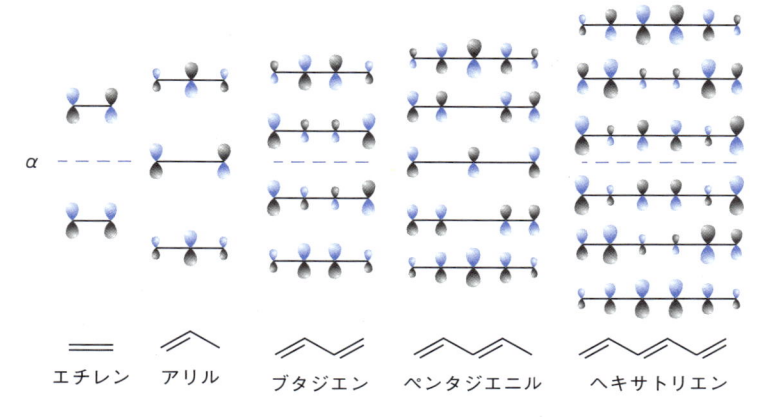

図 5・11　共役分子（炭素原子数 3〜6）の分子軌道． アリルとペンタジエニルはラジカル，カチオン，アニオンの場合

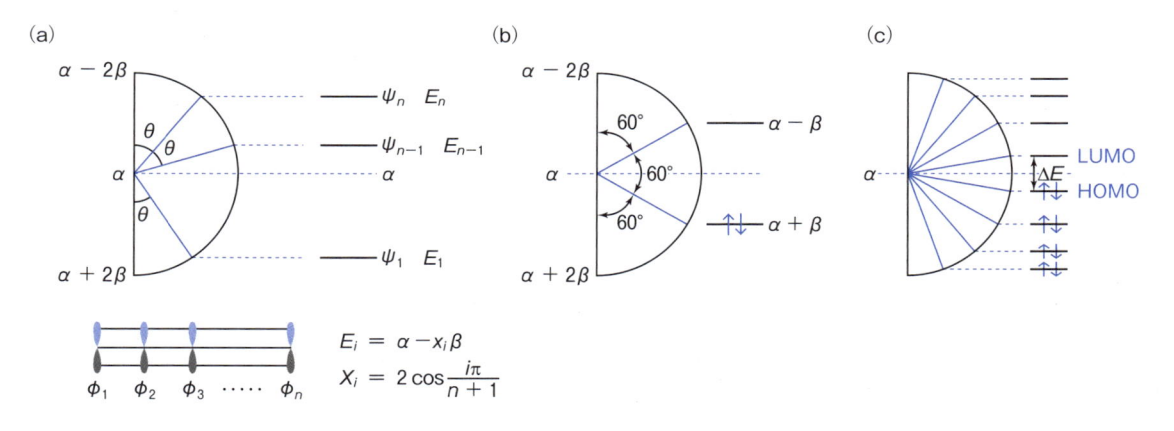

図 5・12　共役ポリエンの分子軌道エネルギーの作図法

$$E_i = \alpha - x_i \beta$$
$$X_i = 2\cos\frac{i\pi}{n+1}$$

図 5・12(b) に，エチレン ($n=2$) について作図したものを示した．交点の高さは ($\alpha+\beta$) と ($\alpha-\beta$) であり，先に見た結果と一致する．

HOMO と LUMO

図 5・12(c) は何個かの炭素でできた共役系のエネルギー準位を，上記のように作図したものであり，電子配置を含めて示してある．

このとき，電子が入っている軌道（被占軌道）のうち，最もエネルギー

> **ポイント！**
> HOMO と LUMO の相互作用は，有機分子の反応を理解するうえで重要となる．

の高い軌道を HOMO という．一方，電子の入っていない軌道（空軌道）のうち，最もエネルギーの低い軌道を LUMO という．HOMO，LUMO については 6 章で詳しくふれる．これらの分子軌道は有機分子のもつ反応性と深い関係がある．

エネルギー間隔

共役系を構成する炭素原子の数と，分子軌道のエネルギー準位の関係を考えてみよう．分子軌道の個数 n は，共役系を構成する原子軌道の個数 n に等しいため，共役系が長くなると分子軌道の数も多くなる．

これまでに見たとおり，分子軌道のエネルギーの範囲は $\alpha+2\beta$ から $\alpha-2\beta$ までの 4β の間に限られている．この限られたエネルギー範囲の間に，n 個の分子軌道が入ることになるため，共役系が長くなればなるほど各軌道のエネルギー間隔は小さくなる．結果として，HOMO と LUMO の間のエネルギー差 ΔE も小さくなる．

図 5・13 には，共役ポリエンの π 電子のエネルギー準位を示した．二重結合の数が増えるにつれてエネルギー準位の数が増え，HOMO（結合性分子軌道）と LUMO（反結合性分子軌道）が接近し，ついには無数のエネルギー準位が合わさったバンド（帯）を形成する．このようなバンド構造は有機分子の電気伝導性に大きなかかわりがある．

> 有機分子の電気伝導性については，7 章でふれる．

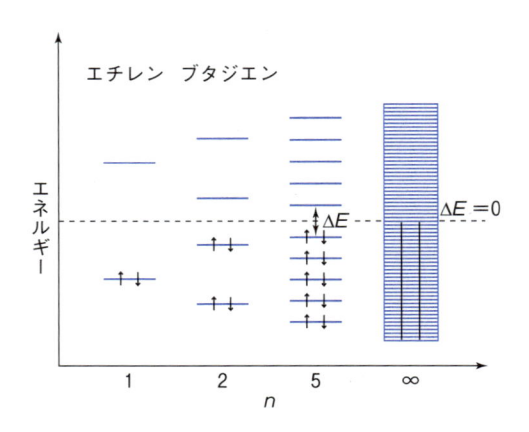

図 5・13 共役ポリエン $\text{-(CH=CH)}_n\text{-}$ の π 電子エネルギー準位

6. 環状共役分子

環状共役分子には，ベンゼンなどの芳香族化合物をはじめとして，独特の性質，反応性をもつものが多い．ここでは，環状共役分子のエネルギー準位について見てみよう．

ベンゼンのエネルギー準位

図5・14はベンゼンのπ結合分子軌道のエネルギー準位である．

結合後：$2(\alpha+2\beta) + 4(\alpha+\beta) = 6\alpha + 8\beta$
結合前：6α

$\Delta E = 8\beta$

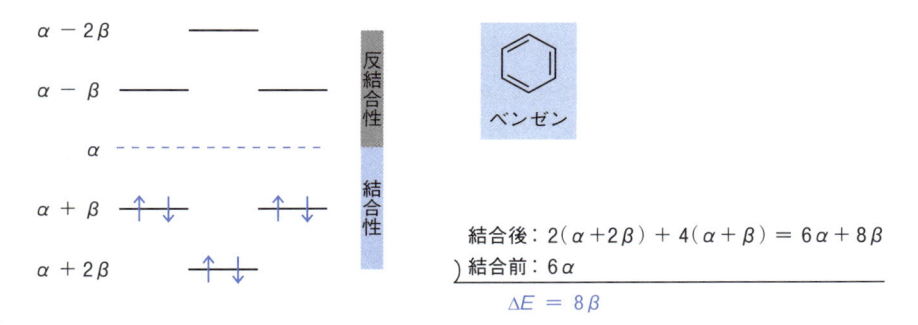

図5・14 ベンゼンのπ結合分子軌道のエネルギー準位

ベンゼンのπ結合は六つのp軌道からできているので，分子軌道も六つできる．このうち，三つはαよりエネルギーの低い結合性分子軌道であり，他の三つはαよりエネルギーの高い反結合性分子軌道である．

環状共役系のエネルギー準位の特徴は，エネルギーのまったく等しい軌道が何組かできることである．この場合，エネルギー（$\alpha+\beta$）と（$\alpha-\beta$）の軌道がそれぞれ二つずつ存在する．このように，異なる軌道であるが，エネルギーは等しいという軌道を互いに"縮重"しているといい，このような軌道を**縮重軌道**（degenerate orbital）という．

ベンゼンの電子配置と結合エネルギー

ベンゼンのπ電子は6個である．図5・14にπ電子の配置を示した．三つの結合性分子軌道に6個の電子が入っている．したがって，ベンゼンの

π結合エネルギーは 8β となる.

また,ベンゼンのπ結合が局在化したと仮定した場合には,エチレンの三つのπ結合が環状に連結されたものと同等になる.したがって,この場合のπ結合エネルギーは 6β であり,非局在化エネルギーは 2β (π電子1個当たり 0.33β) となる.この非局在化エネルギーは,ブタジエンの非局在化エネルギー (0.478β, π電子1個当たり 0.12β) に比べて大きく,このことがベンゼンなど芳香族化合物の特別な安定性の理由とされる.

環状共役系一般

一般に環状共役系は,n 個の p 軌道から構成される.このような系のエネルギー準位は,一般に簡単な作図によって求めることができる.すなわち,中心を α に置いた半径 2β の円を描く.つぎに,この円に頂点が内接する正 n 角形を作図する.ただし,頂点の一つを最下端,すなわち $\alpha+2\beta$ の地点に置かなければならない.このようにすると,正 n 角形の頂点と円の交点の高さが,そのまま分子軌道のエネルギーを与える.

図 5・15 はいくつかの環状共役系のエネルギー準位を,作図によって求めたものである.ベンゼンの例でわかるように,エネルギーは正確に再現されている.どの環状共役系も,必ず何組かの縮重軌道をもっていることに注意していただきたい.

これらの環状共役系の電子配置については,図 7・1 を参照.

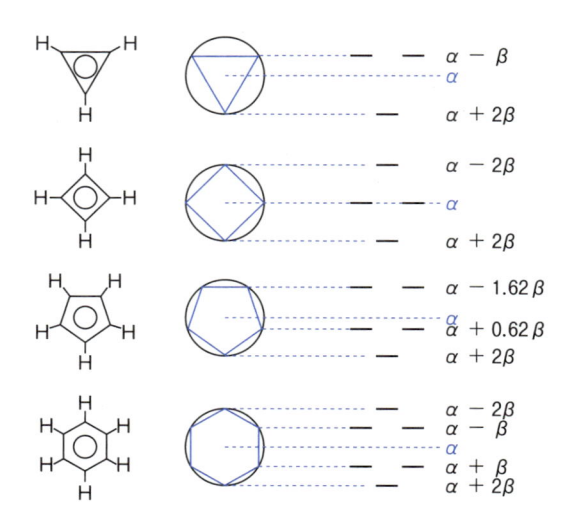

図 5・15 環状共役分子のエネルギー準位

6 分子軌道と反応性

　分子中の電子状態は分子の反応性に大きな影響を及ぼす．分子軌道法を利用すると，分子の反応性を予測する各種の情報を導き出すことができる．

　特に有機化学では，特定の化合物のみ生成する選択性のある反応がよく見られる．分子軌道法は，このような反応の選択性を合理的に説明できる強力な武器となっている．

　ここでは，有機反応における反応性を分子軌道法の観点から具体的に見てみよう．

1. 反応性指数

　反応性を予測するのに役立つ指標のことを**反応性指数**（reactivity number）という．このような反応性指数により，有機分子の反応をある程度，定量的に扱うことができる．

π 電子密度

　π 電子は，π 結合を構成するすべての原子上に等しく存在するわけではない．どの原子上にどれくらいの π 電子が存在するかを表した指数を**π 電子密度**（π electron density）q_r という．

　エチレンの π 結合には 2 個の π 電子が存在する．この π 電子がエチレンのどの炭素（C_1，C_2）に，どの程度存在するのかを考えてみよう（図 6・1a）．もし，C_1 に 1 個，C_2 に 1 個あるとき，それぞれの炭素の π 電子密度を

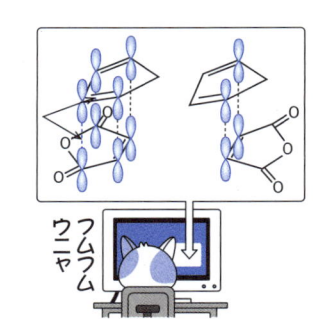

ポイント！

有機反応を分子軌道法によって理解しよう．

5 章で見た非局在化エネルギーも分子の安定性（つまり反応性）を反映する反応性指数の一種である．

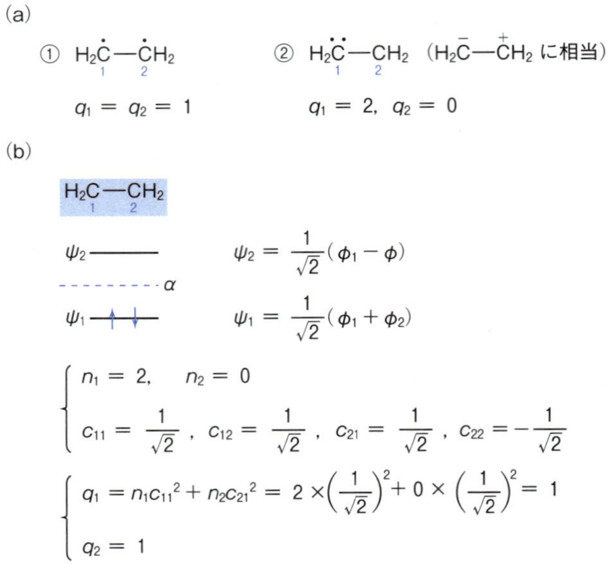

III. 有機分子と分子軌道

(a)
① $H_2\dot{C}_1 — \dot{C}_2H_2$　　$q_1 = q_2 = 1$

② $H_2\ddot{C}_1 — \overset{}{C}_2H_2$　（$H_2\bar{C} — \overset{+}{C}H_2$ に相当）　$q_1 = 2,\ q_2 = 0$

(b)
$$H_2C — CH_2$$
$$\underset{1\qquad 2}{}$$

ψ_2 ———　　　$\psi_2 = \dfrac{1}{\sqrt{2}}(\phi_1 - \phi_2)$

- - - - - α

ψ_1 ↑↓　　　$\psi_1 = \dfrac{1}{\sqrt{2}}(\phi_1 + \phi_2)$

$$\begin{cases} n_1 = 2,\quad n_2 = 0 \\ c_{11} = \dfrac{1}{\sqrt{2}},\ c_{12} = \dfrac{1}{\sqrt{2}},\ c_{21} = \dfrac{1}{\sqrt{2}},\ c_{22} = -\dfrac{1}{\sqrt{2}} \\ q_1 = n_1 c_{11}^2 + n_2 c_{21}^2 = 2 \times \left(\dfrac{1}{\sqrt{2}}\right)^2 + 0 \times \left(\dfrac{1}{\sqrt{2}}\right)^2 = 1 \\ q_2 = 1 \end{cases}$$

図 6・1　エチレンの π 電子密度

1 であるとする．すなわち，C_1 の π 電子密度 q_1 と C_2 の π 電子密度 q_2 は，$q_1 = q_2 = 1$ である．

一方，もし 2 個の π 電子がともに C_1 上にあるとしたら，$q_2 = 2$，$q_1 = 0$ となる．

このような π 電子密度は，(6・1) 式により求めることができる．

$$q_r = \sum n_i c_{ir}^2 \tag{6・1}$$

ここで，n_i は i 番目の分子軌道中に存在する電子数，c_{ir} は i 番目の分子軌道における r 番目の原子軌道の係数である．

エチレンの π 電子密度の計算結果を図 6・1(b) に示した．

原子軌道の係数については，(5・1) 式を参照．

電 荷 分 布

ところで，エチレンの 2 個の炭素 C_1，C_2 は，結合する前は 1 個ずつの π 電子をもっていたはずである．したがって，もし，2 個の π 電子がともに C_1 上にあるとしたら，C_1 は結合によって電子が 1 個増えたことになり，−1 に荷電したことになる．反対に，C_2 は電子を 1 個失うので，+1 に荷電したことになる．このように，電子密度はその炭素の**電荷分布**（charge distribution）を表す指数でもある．

例として，ブタジエン陰イオンの電子密度と電荷分布を図6·2に示した．これは，ブタジエン陰イオンにはπ電子が5個存在し，5個目の電子がψ_3の軌道に存在するとして計算したものである．中性のsp^2混成炭素はπ電子を1個もつので，電子密度が1であり，これより多ければ負に，少なければ正に荷電していることになる．ブタジエン陰イオンでは，両端の炭素原子がより多く荷電していることがわかる．

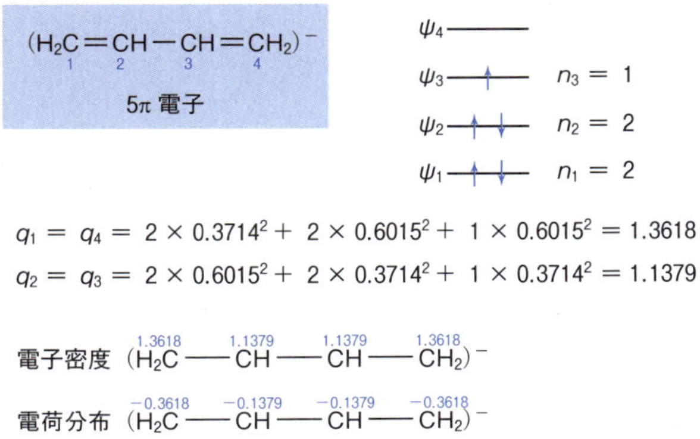

$$(H_2C=CH-CH=CH_2)^-$$
$$\text{1 2 3 4}$$
$$5\pi \text{ 電子}$$

ψ_4 ———
ψ_3 —↑— $n_3 = 1$
ψ_2 —↑↓— $n_2 = 2$
ψ_1 —↑↓— $n_1 = 2$

$q_1 = q_4 = 2 \times 0.3714^2 + 2 \times 0.6015^2 + 1 \times 0.6015^2 = 1.3618$
$q_2 = q_3 = 2 \times 0.6015^2 + 2 \times 0.3714^2 + 1 \times 0.3714^2 = 1.1379$

電子密度 $(H_2C \overset{1.3618}{—} CH \overset{1.1379}{—} CH \overset{1.1379}{—} CH_2)^{1.3618-}$

電荷分布 $(H_2C \overset{-0.3618}{—} CH \overset{-0.1379}{—} CH \overset{-0.1379}{—} CH_2)^{-0.3618-}$

図6·2 ブタジエンの電子密度と電荷分布

π 結 合 次 数

隣合った原子間のπ結合の相対的な強さを表す数値を **π結合次数**（π bond order）p_{rs}という．

エチレンの2個の炭素C_1とC_2の間には，一つのπ結合が存在する．このときC_1とC_2の間のπ結合次数p_{12}は1である（$p_{12}=1$）という．

π結合次数は，(6·2)式によって求めることができる．

$$p_{rs} = \sum n_i c_{ir} c_{is} \qquad (6·2)$$

ここで，n_iはi番目の分子軌道中に存在する電子数，c_{ir}, c_{is}はi番目の分子軌道のr, s番目の原子軌道の係数である．

π結合次数が問題になるのは，共役二重結合である場合が多い．図6·3はブタジエンのπ結合次数の計算とその結果を示したものである．4章で見たように，ブタジエンのπ結合は$C_1 \sim C_4$のすべての炭素上に非局在化

σ結合の結合次数を1とすれば，π結合次数が1のときは全結合次数が2となり，これは二重結合を表す．また，π結合次数が0ならば，全結合次数は1となり，単結合を表す．

$$H_2C=CH-CH=CH_2$$
$$1234$$

ψ_4 ———

ψ_3 ——— $n_1 = n_2 = 2$

ψ_2 ⥮ $n_3 = n_4 = 0$

ψ_1 ⥮

$p_{12} = n_1 c_{11} c_{12} + n_2 c_{21} c_{22}$
     $= 2 \times 0.3714 \times 0.6015 + 2 \times 0.6015 \times 0.3714 = 0.8942$

$p_{23} = n_1 c_{12} c_{13} + n_2 c_{22} c_{23}$
     $= 2 \times 0.6015 \times 0.6015 + 2 \times 0.3714 \times (-0.3714) = 0.4473$

π結合次数 $H_2C \overset{0.8942}{-} CH \overset{0.4473}{-} CH \overset{0.8942}{-} CH_2$

図 6·3 ブタジエンの π 結合次数

しているので，C_1-C_2，C_2-C_3，C_3-C_4のすべての結合に π 電子が存在する．この π 電子の量，つまり π 結合次数から，各原子間の π 結合の強度がわかる．図に示すようにブタジエンでは，C_1-C_2，C_3-C_4より，C_2-C_3の π 結合強度が小さいという結果が得られている．

π 結合次数と結合強度

　これまでに，π 結合次数が π 結合の相対的な強度を表すことを見た．図 6·4 は π 結合次数と結合長（結合距離）の関係を示したものである．結合次数と結合長には直線的な関係があり，C-C 結合の π 結合次数が大きいほど，結合長が短いことを示している．これは，結合次数が大きい結合，つまり結合強度の大きいものほど，結合長が短いことを意味している．図

図 6·4 のグラフにブタジエンの π 結合次数 $p_{12}=0.8942$，$p_{23}=0.4473$ を当てはめると，$r_{12}=1.35$ Å，$r_{23}=1.44$ Å となる．この結果は，実測値 $r_{12}=1.37$ Å，$r_{23}=1.47$ Å とよく一致する．

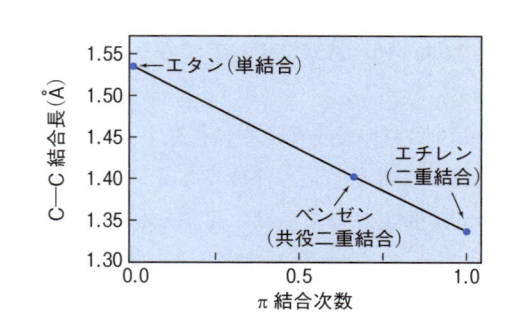

図 6·4　π 結合次数と C-C 結合長の関係

から，単結合よりも二重結合のほうが短く，そのほぼ中間に共役二重結合（ベンゼン）があることがわかる．

2. フロンティア分子軌道とは

分子軌道のうちでも，フロンティア分子軌道とよばれるものは，反応選択性に重要な役割を果たす．ここでは，フロンティア分子軌道がどのようなものであるのかを見てみよう．

ポイント！
フロンティア分子軌道は有機分子の反応性を決める．

原子の反応性を決めるもの

原子の反応性は最も外側の電子殻に入っている最外殻電子（価電子）により決定される．原子が他の原子と反応するときの様子を考えてみよう．反応するためには，二つの原子が接触しなければならない．このとき接触するのは原子の最も外側の部分であり，その部分に存在する最外殻電子である．これが，最外殻電子が原子の反応性を決定するといわれる理由である．

フロンティア分子軌道

分子にも原子と同様のことが考えられる．すなわち，分子の性質，反応性を支配するのは，原子と同じように最外殻電子である．分子の最外殻とは何だろうか．

原子の最外殻と同様に考えればよい．すなわち，分子中の電子は分子軌道に入る．したがって，電子が入っている分子軌道のうち，最も外側にあり，エネルギーの高い分子軌道が原子の最外殻に相当することになる．このような分子軌道を反応の"最前線"にあるという意味で，**フロンティア分子軌道**（frontier molecular orbital）という．

フロンティア分子軌道の概念は故福井謙一氏により提唱された．この業績によって，1981年にノーベル化学賞を受賞した．

HOMOとLUMO

つぎに，フロンティア分子軌道について具体的に見てみよう（図6・5a）．電子の入っている分子軌道のうち最もエネルギーの高いものを**HOMO**（ホモ，**最高被占分子軌道**, highest occupied molecular orbital）という．上

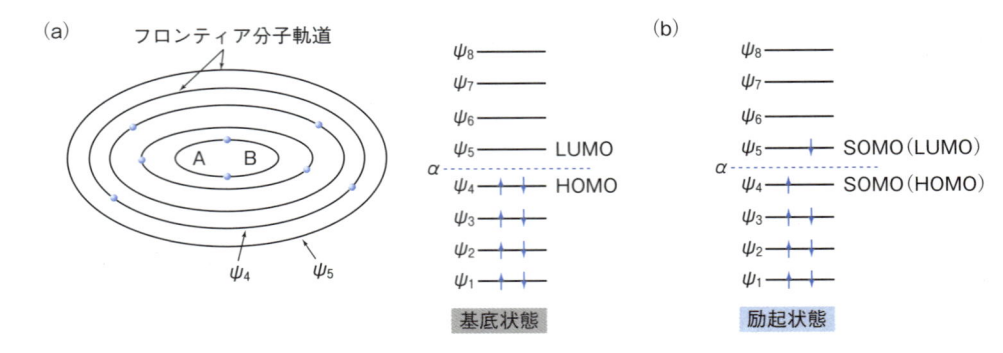

図 6・5　フロンティア分子軌道

記の理由から，このHOMOがフロンティア軌道に相当する．

一方，HOMOよりエネルギーの高い分子軌道には電子は存在しない．そのうち，最もエネルギーの低いものを**LUMO**（ルモ，**最低空分子軌道**，lowest unoccupied molecular orbital）という．反応は電子のやり取りであるので，電子を受入れることのできるLUMOもフロンティア分子軌道となる．また，分子に光などのエネルギーを与えると，HOMOの電子はそのエネルギーを受取ってLUMOへ移動（遷移）し，励起状態になる（図6・5b）．この励起状態では，基底状態におけるLUMO（ψ_5）がフロンティア軌道の役割を果たす．

以上のことから，基底状態で起こる反応（熱反応）はHOMOにより支配され，励起状態で起こる反応（光反応）はLUMOによって支配されることがわかる．

電子の遷移によって生じた，電子を1個しかもたない軌道を**SOMO**（singly occupied molecular orbital, **半占分子軌道**）という．

ポイント！
HOMOとLUMOとの相互作用が化学反応の主要な推進力となる．

3. 有機反応とフロンティア分子軌道

ここでは，有機反応の基本的な事項が，分子軌道法によってどのように説明されるかを見てみよう．

求核性と求電子性

二つの分子の間で反応が起こる場合，攻撃する分子を"試薬"，攻撃される分子を"基質"という．試薬には，攻撃の仕方によって求電子試薬と求

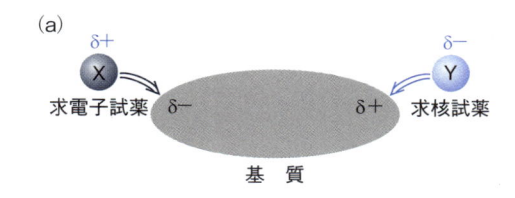

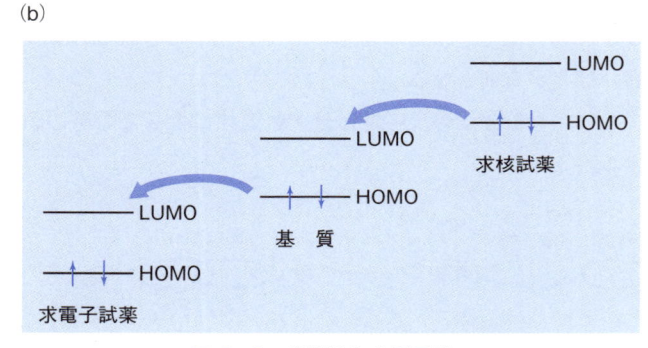

図 6・6 求核性と求電子性

核試薬に分けることができる（図 6・6a）．一般に，求核試薬はアニオン X^- や非共有電子対をもつ $X:$ である．一方，求電子試薬はカチオン X^+ や空軌道をもつ試薬である．

これらを分子軌道法で見たらどうなるだろうか．この場合には，試薬の攻撃を受ける基質の分子軌道を基準にして見てみるとわかりやすい．

図 6・6(b) から，基質が求核試薬の攻撃を受けるには，基質の**求電子性**（electrophilicity）が高い（電子を受取りやすい）ことが要求される．つまり，基質の LUMO のエネルギーが低いほど有利である．一方，基質が求電子試薬の攻撃を受けるには，基質の**求核性**（nucleophilicity）が高い（電子を放出しやすい）ことが要求される．つまり，基質の HOMO のエネルギーが高いほど有利である．

たとえば，カルボニル化合物に対する求核反応では，求核試薬に対する反応性，つまり求電子性は以下の順序で高くなる．

$$CH_3CHO > CH_3COOH > CH_3CONH_2$$

ポイント！

LUMO が低いほど求電子性が高くなり，HOMO が高いほど求核性が高くなる．

酸・塩基

ルイスの定義によれば、**酸**（acid）とは電子対を受取る化学種であり、**塩基**（base）とは電子対を与える化学種である。分子軌道において、電子対を受取るのは LUMO であり、電子対を与えるのは HOMO である（図6・7）。この原理からいえば、酸として作用するには LUMO のエネルギーが低いほうが有利であり、反対に塩基として作用するには HOMO のエネルギーが高いほうが有利となる。

このように、有機分子の反応性は分子軌道法によって簡単にかつ明確に説明できる。

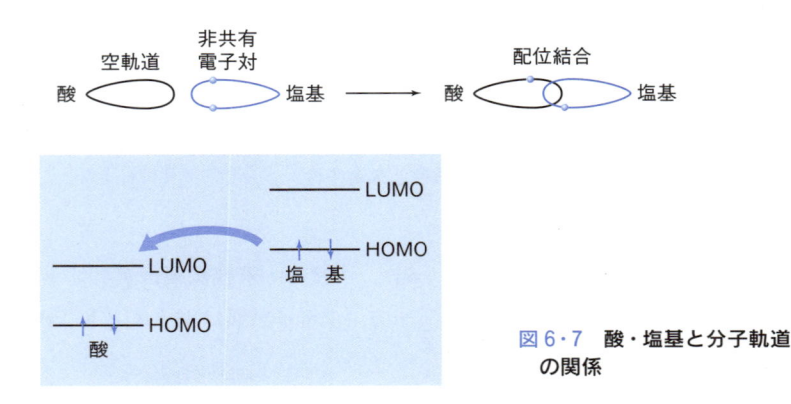

図6・7 酸・塩基と分子軌道の関係

4. 閉環反応の選択性

ポイント！
分子軌道法によって有機反応の選択性について理解しよう。

何種類かの生成物が生じる可能性があるにもかかわらず、その中の特定の化合物だけが生じる現象を反応の**選択性**（selectivity）という。ここでは、閉環反応の選択性について見てみよう。

閉 環 反 応

図6・8は直鎖状分子であるブタジエン誘導体 **A**, **B** が、環状分子であるシクロブテン誘導体 **C**, **D** に変化する反応である。このように、直鎖状分子が環状分子に変化する反応を、一般に**閉環反応**（ring-closing reaction）

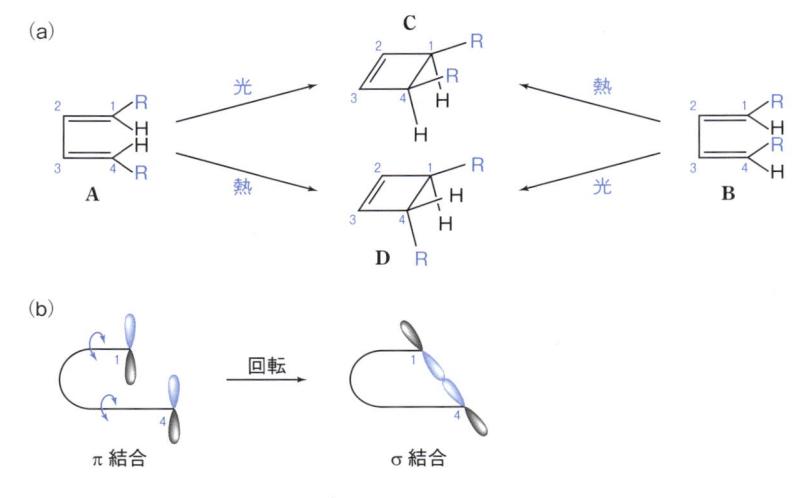

図 6・8 ブタジエン誘導体の閉環反応

という．

 A，B，C，D の立体的な関係を見てみよう．A と B では置換基の付き方が異なることに注意していただきたい．すなわち，A では置換基が図の上部から順に R，H，H，R と付いているのに対して，B では R，H，R，H の順で付いている．生成物 C と D も置換基の付き方が異なり，C では 2 個の置換基が四員環の同じ側に付いたシス形であるが，D は反対側に付いたトランス形である．

反応の選択性

 閉環反応は，分子を加熱することによる熱反応でも，また，分子に紫外線などの光を照射することによる光反応でも進行する．

 この反応では，熱反応と光反応で違いのあることがわかる（図 6・8a）．すなわち A は，熱反応で D を与えるが，光反応では C を与える．この関係が逆転することはない．それとは反対に，B は熱反応では C を与え，光反応では D を与える．このような反応の選択性はフロンティア分子軌道と軌道対称性によって説明できる．

π結合からσ結合へ

上の閉環反応を見ると，おもな変化は炭素 C_1 と C_4 に起こっていると見ることができる．すなわち，それまで結合していなかった C_1 と C_4 の間に，σ結合が生成するのが，この反応の本質である．

図 6・8 (b) は C_1，C_4 の変化を表したものである．ここで，出発物 **A**，**B** では C_1，C_4 は π 結合を構成している．それに対して，生成物 **C**，**D** では σ 結合を構成している．この変化は，簡単に考えれば C_1，C_4 上の p 軌道の向きの変化と見ることができる．すなわち，出発物では互いに平行に並んでいた 2 本の p 軌道が，生成物になると p 軌道は互いに向き合って接触している．これは，2 本の p 軌道が回転した結果と見ることができる．

5. 閉環反応と軌道対称性

> この理論は，分子軌道の対称性を使って反応性を解析するウッドワードとホフマン両博士の提出した軌道対称性理論と同じものである．

フロンティア軌道を使って分子の性質，反応性を考える理論を"フロンティア軌道理論"という．

> 位相については 5 章を参照．

軌道対称性 (orbital symmetry)

すでに 5 章で見たように，結合性分子軌道では結合する二つの軌道の位相は一致している．すなわち，同位相で重なっている．それに対して，反結合性分子軌道では逆位相で重なっている．結合が生成するためには結合性分子軌道が生じることが必要であり，もし反結合性分子軌道が生じたら，結合は生成しないことになる．

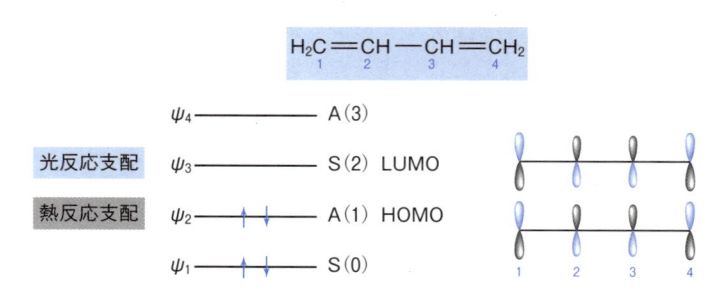

図 6・9 ブタジエンの HOMO と LUMO の軌道対称性

図6・9はブタジエンのHOMOとLUMOの軌道対称性である．HOMOの軌道対称性は反対称（A）であり，C_1とC_4は逆位相である．それに対して，LUMOでは軌道対称性は対称（S）であり，C_1とC_4は同位相である．

本章で見たように，熱反応を支配するのはHOMOであり，一方，光反応を支配するのはLUMOである．

S，Aについては5章を参照．

反応の選択性の解析

熱反応を支配するHOMOについて見てみよう（図6・10a）．C_1とC_4上のp軌道が回転して結合性σ結合をつくるためには，C_1が時計回りに回転し，それに対応してC_4も時計回りに回転すればよい．このようにすると，両p軌道の位相が一致し，結合性σ結合が生成する．このように軌道が同じ方向に回転することを**同旋的回転**（conrotation，通称コン）という．

ポイント！
有機反応の選択性と軌道対称性とのかかわりについて理解しよう．

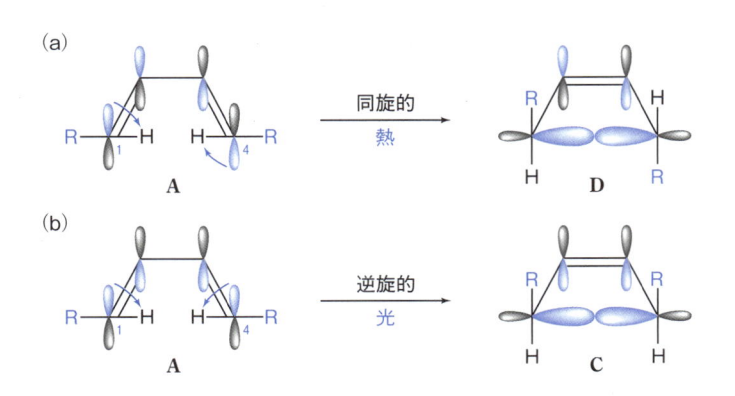

図6・10 同旋的回転（a）および逆旋的回転（b）

ここでの問題は，このとき回転するのはp軌道だけではないということである．つまり，炭素に結合している置換基RとHも同時に回転する．この結果，**A**からは**D**が生じることになる．

光反応でも同様に考えることができる（図6・10b）．すなわち，p軌道が同位相で重なるためには，互いが出会うように回転しなければならず，その結果，置換基も回転するので生成物は**C**となる．このように軌道が互いに逆方向に回転することを**逆旋的回転**（disrotation，通称ディス）という．

出発物 **B**（図 6・8）もまったく同様に考えることができる．すなわち，熱反応では **C** になり，光反応では **D** になる．

このように，閉環反応の選択性は軌道対称性によって合理的に説明することができた．このような現象は分子の立体的な効果や，電子的な効果で説明することは不可能である．有機反応には，分子軌道論的な解析でないとわからない現象が多数あり，現代の有機化学は分子軌道論を抜きにしては成り立たないといってよい．

6. 結 合 異 性

結合異性（linkage isomerism）は原子の移動を伴わず，結合の変化のみによる異性現象のことをいう．ここでは，軌道対称性をもとに，結合異性について見てみよう．

結 合 異 性 の 例

ディールス–アルダー反応については次節を参照．

図 6・11(a) に示すように，シクロオクタテトラエン **1** にはシクロブタジエン骨格（$C_1 \sim C_4$）が含まれており，したがってエチレンとディールス–アルダー反応をすれば分子 **2** が生成するものと期待される．ところが生成物は **4** となる．これは **1** が **3** に変化してから，エチレンと反応するためであ

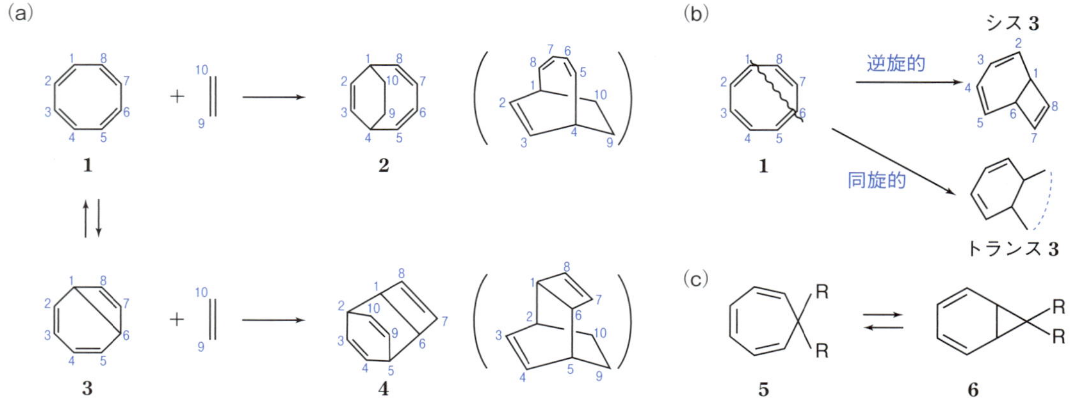

図 6・11 結合異性の例

る.

　図 6・11(b) に示すように，**1** と **3** の相互変化は C_1–C_6 間の σ 結合の切断・生成によって生じる．このような異性化を結合異性という．同じような異性現象は **5** と **6** の間にも観察される（図 6・11c）．

結合異性と軌道対称性

　結合異性が起こる理由は，前節で見た閉環反応の軌道対称性で説明することができる．すなわち，**1** と **3** の間の変化は $C_1 \sim C_6$ の間のヘキサトリエン骨格の閉環反応と考えることができるのである．

　図 6・12 に示したのは，ヘキサトリエンの分子軌道である．HOMO は ψ_3 であり，対称性は S である．したがって，光反応では "コン" で閉環し，熱反応では "ディス" で閉環する．しかし，**1** が閉環すると生成するのは双環状分子であり，"コン" で閉環するとトランス **3** となり，四員環部分が環を結ぶことができなくなる．そのため，**1** は熱反応で閉環して **3** となり，その後ディールス–アルダー反応をして **4** となるのである．

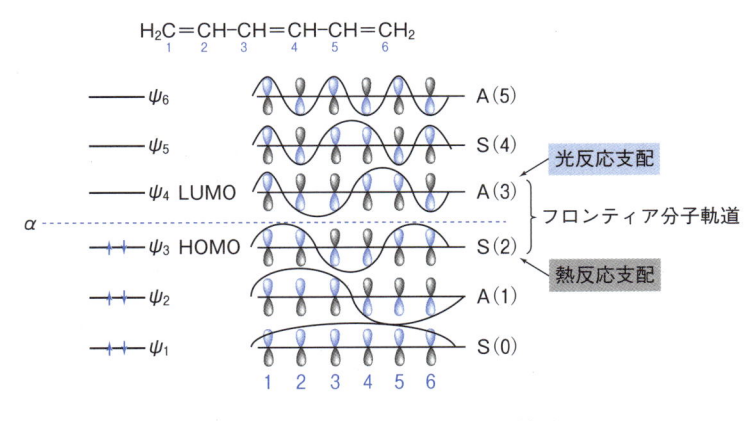

図 6・12　ヘキサトリエンの分子軌道

7. 付加環化反応と軌道相互作用

　二つの分子が付加することで，環状生成物を与える反応を**付加環化反応**

> **ポイント！**
> 軌道相互作用は反応の立体選択性に重要な役割を果たす．

(cycloaddition reaction) という．**ディールス–アルダー反応**（Diels-Alder reaction）は，付加環化反応の代表的なものである．ここではディールス–アルダー反応の立体選択性を軌道間の相互作用を通じて見てみよう．

立体選択性（stereoselectivity）

ディールス–アルダー反応は共役ジエンとアルケンから，シクロヘキセン誘導体が生成する反応である（図 6・13a）．このとき，共役ジエンの両端の炭素（C_1 と C_4）とアルケンの二つの炭素との間で，新しい結合が形成され，環化する．この反応は立体選択的に進行する．

シクロペンタジエン **1** と無水マレイン酸 **2** からは，シクロヘキセン誘導体 **3** が生成する（図 6・13b）．ここで，**3** にはエンド体 **3a** とエキソ体 **3b** の 2 種類の立体異性体が存在する．この反応では，エンド体が主生成物となる．

3a と **3b** の立体的な安定性を調べると，エンド体の **3a** には立体反発があり，エキソ体の **3b** より不安定である（図 6・13c）．にもかかわらず，**3a** が主生成物となるのはなぜだろうか．

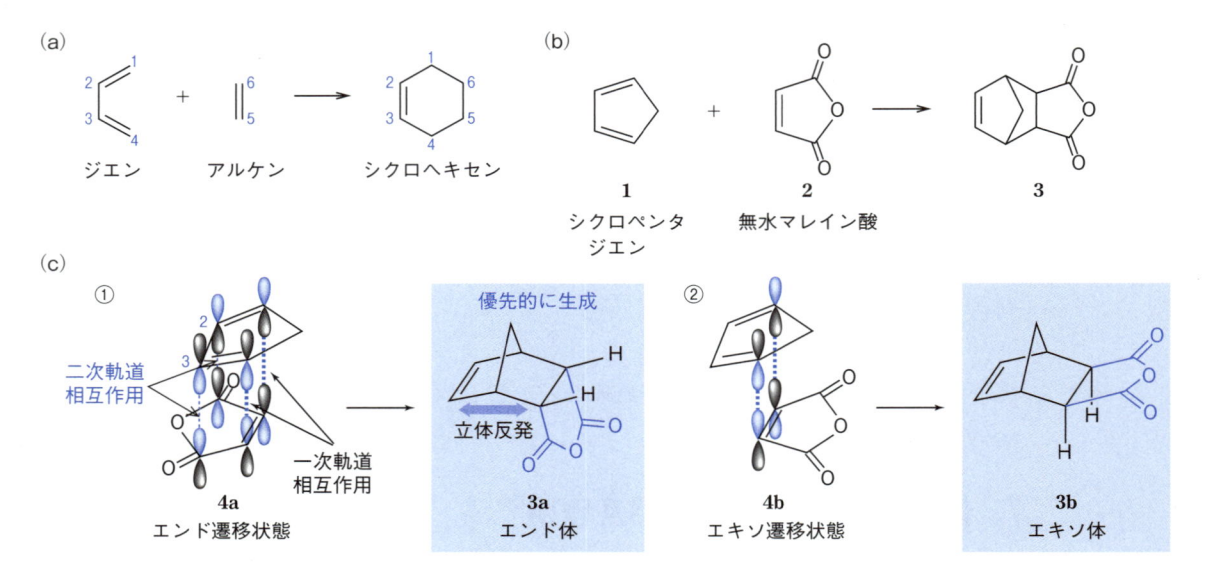

図 6・13 ディールス–アルダー反応と軌道相互作用

軌道相互作用（orbital interaction）

シクロペンタジエン **1** と無水マレイン酸 **2** のディールス-アルダー反応における遷移状態を図 6・13(c) に示した．**4a** はエンド体 **3a** を与える遷移状態であり，**4b** はエキソ体 **3b** を与える遷移状態である．両図において太い点線で表したのは **1** と **2** の相互作用であり，結合を形成する相互作用である．このような相互作用を**一次軌道相互作用**という．

遷移状態 **4a** では，一次軌道相互作用のほかに細い点線で表した相互作用がある．これを**二次軌道相互作用**という．これは **4a** において **1** と **2** の相互作用が広がり，非局在化が進んでいることを意味する．

5 章で見たように，一般に非局在化が進むと系は安定化する．そのため，**4a** と **4b** を比較すると **4a** のほうが低エネルギーで安定である．よって，反応は **4a** を経由して **3a** を与えるように進行するのである．

HOMO–LUMO 相互作用

上記のディールス-アルダー反応の立体選択性は，HOMO–LUMO の関係で説明することができる．

図 6・14 は，ディールス-アルダー反応に関与するシクロペンタジエンと無水マレイン酸の分子軌道である．通常のディールス-アルダー反応では 2π 系（ここでは無水マレイン酸）に電子求引基が付いており，系全体のエネルギーが低下しているので，4π 系（ここではシクロペンタジエン）の

化学反応において，ある状態（出発物）から他の状態（生成物）へ変化する過程に現れるエネルギー極大の状態を"遷移状態"という．遷移状態は過渡的で不安定な状態である．

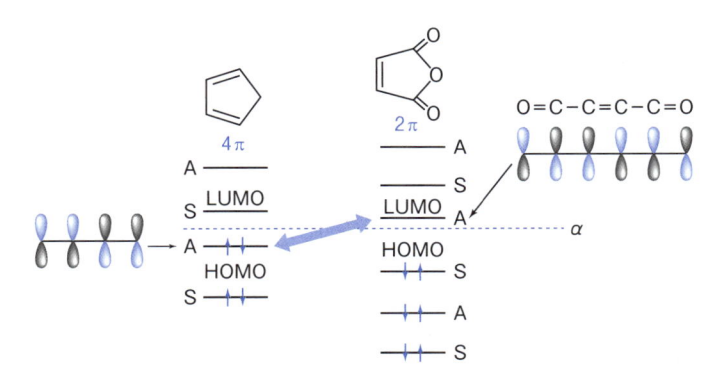

図 6・14　シクロペンタジエンと無水マレイン酸の分子軌道

HOMO と 2π 系の LUMO の相互作用が有利となる.

　この結果,遷移状態において 4π 系の中央の炭素 C_2, C_3 の軌道と 2π 系のカルボニル炭素の軌道の位相が一致し,結合性の相互作用が生成することがわかる(図 6・13c 参照).このような理由により,エンド体が有利に生成する.

IV

有機分子の物性

7 物性と分子構造

　有機分子はさまざまな性質をもっている．これらの性質は分子構造ならびに，分子中の電子状態と大きなかかわりがある．さらには，分子間相互作用によって有機分子が集合することによってもたらされる性質もあり，これまでには見られない新しい物性をもつ有機分子が続々とつくり出されている．

　ここでは，有機分子にはどのような性質があり，それがどのような機構によって発現されるのかを分子・電子構造と関連させながら見てみよう．

1. 芳香族性

　ベンゼンに代表される芳香族化合物は，独特の安定性と反応性をもっている．芳香族は環状共役分子であるが，それだけでは芳香族とはいわない．芳香族性を獲得するためには，どのような条件が必要であるのか見てみよう．

ポイント！
芳香族化合物の電子状態と安定性とのかかわりについて見てみよう．

シクロプロペニルの電子配置

　環状分子には環内に何個かの電子があり，それが分子軌道に入っている．環状共役分子の電子配置を見てみよう．

　図7・1は，環状共役分子のエネルギー準位と電子配置である．三員環のシクロプロペニルでは $\alpha+2\beta$ に一つの結合性分子軌道，$\alpha-\beta$ に二つの反結合性分子軌道がエネルギーの等しい縮重軌道として存在する．中性のシ

分子軌道のエネルギー準位については5章参照．

シクロプロペニルラジカルは3個のπ電子をもつ．このうち2個は結合性分子軌道に非共有電子対として，残り1個は反結合性分子軌道に不対電子として入る．シクロプロペニルカチオンでは2個のπ電子が結合性分子軌道に入る．

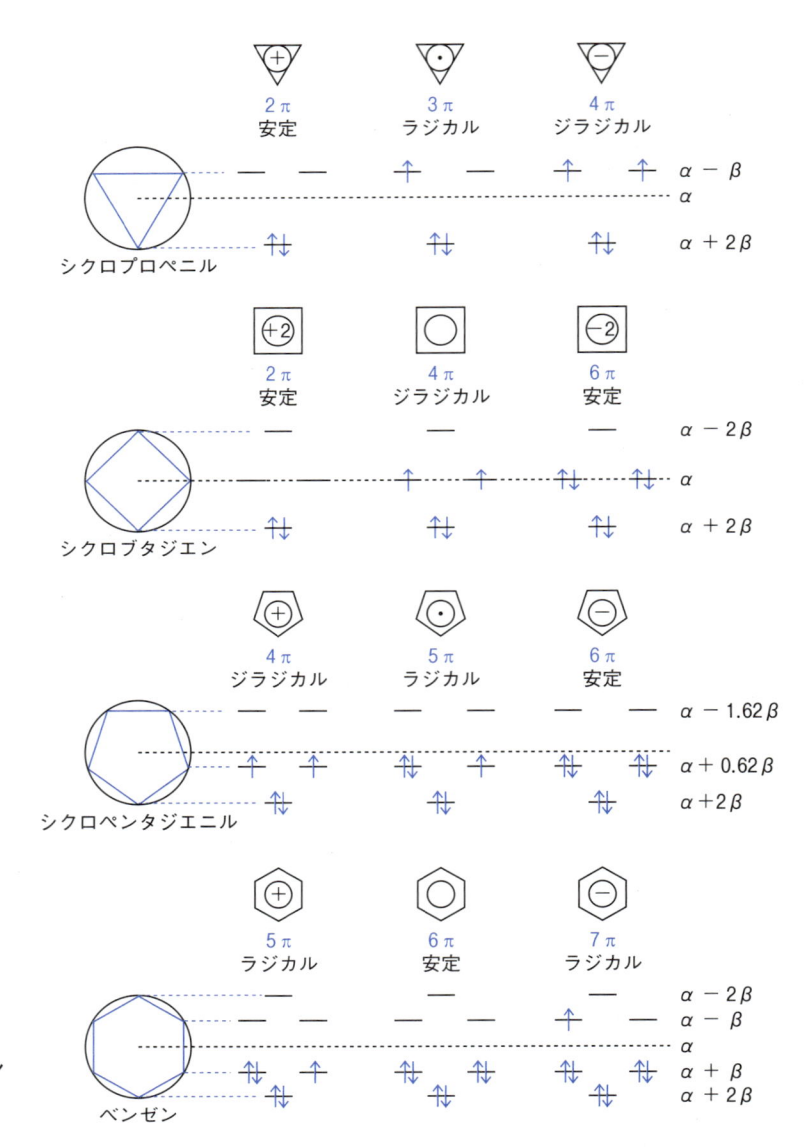

図7・1 環状共役分子のエネルギー準位と電子配置

シクロプロペニルアニオンのπ電子は4個である．このうち2個は結合性分子軌道に入るが，残り2個は縮重した二つの反結合性分子軌道に入る．このような場合には，電子の軌道への入り方が問題となる．すなわち，軌道エネルギーが同じなら，スピン方向が同一にそろったほうが安定である．

1個の反結合性分子軌道に2個の電子が入ればスピン方向は反対になる．したがって，スピン方向を同じにするためには，2個の電子が別々の軌道に入らなければならない．この結果，シクロプロペニルアニオンは，不対電子を2個もつことになる．不対電子を1個もった化学種をラジカル，2個もった化学種をジラジカルという．シクロプロペニルアニオンはジラジカルである．

四員環のシクロブタジエンは，中性では不対電子が2個のジラジカルであるが，2価カチオン（ジカチオン，+2），2価アニオン（ジアニオン，−2）ではラジカル状態が解消される．五員環のシクロペンタジエニルは，中性，カチオンではラジカルであるが，アニオンではラジカル状態が解消される．

ベンゼンは，中性では不対電子は存在しないが，カチオンとアニオンはラジカルである．

環状共役分子の安定性

これまで見てきたことをもとに，環状共役分子の安定性について見ていこう．その安定性には二通りある．すなわち，エネルギーから見た安定性と，反応性から見た安定性である．

分子Aを1個だけ，宇宙空間においたと仮定してみよう．もし，この分子Aがエネルギー的に不安定であるならば，この分子は安定な他の分子Bに変化してしまう．すなわち，Aは消滅する．

一方，反応的に不安定な場合はどうなるだろうか．反応的に不安定とは，強い反応性をもつために他の分子と反応してしまい，結果として，Aが消滅するというものである．この場合には，まわりに反応する分子がなければ，Aは安定に存在し続けることができる．

結合エネルギーから見た安定性

5章で見たように，結合エネルギーをもてば，その分子は安定に存在することができ，その値が大きいほどより安定である．

シクロプロペニルではカチオン状態の結合エネルギーが最も大きく，ラジカル，アニオンでは電子が反結合性分子軌道に入ることで結合エネルギーが低下する．シクロブタジエンでは，電子は結合性分子軌道と非結合性分子軌道に入るので，図7・1のすべての状態で結合エネルギーが等し

い．また，シクロペンタジエニルでは，電子はすべて結合性分子軌道に入るので，電子数が増えるほど安定となる．

反応性から見た安定性

一般に分子中の電子は，電子対状態のときには反応性がないか，あるいは低い．一方，不対電子状態のときは反応性が高く，ただちにまわりの分子と反応して，別の分子に変化する．すなわち，分子は不安定である．

ラジカルは不対電子を1個，ジラジカルは2個もっているので，反応性が高く，不安定である．

ヒュッケル則

これまでに見たことをまとめると，図7・1に示した各環状分子の電子状態のなかで，安定なものとしてつぎの分子が選択される．シクロプロペニルカチオン，シクロブタジエニルジカチオン，シクロブタジエニルジアニオン，シクロペンタジエニルアニオン，ベンゼンである．

これらの分子の電子数を数えると，シクロプロペニルカチオン（2個），シクロブタジエニルジカチオン（2個），シクロブタジエニルジアニオン（6個），シクロペンタジエニルアニオン（6個），ベンゼン（6個）となっている．すなわち，電子数が2個もしくは6個のものが安定となっている．

このような考察をさらに重ねると，つぎの一般則が存在することがわかる．「平面構造をとる環状共役分子で，環内に（$4n+2$）個の電子をもつものは**芳香族性**（aromaticity）をもつ．」ここで，nは0を含む整数であり，したがって（$4n+2$）は2，6，10などの整数となる．このことを**ヒュッケル則**（Hückel rule）といい，ある分子が芳香族であるかどうかを判定する一つの基準となっている．

一方，「平面構造をとる環状共役分子で，環内に $4n$ 個の電子をもつものは**反芳香族性**（antiaromaticity）をもち，特別な不安定性をもつ．」以下に，そのような分子の例を示す．

例外的な分子

ここでは，上記の例に当てはまらない分子について見てみよう．

シクロデカペンタエン **1** は環内に10個のπ電子をもつので，芳香族性をもち，安定な分子であると予想できる．しかし，予想に反して，**1**は不安定な分子である．これは，**1**が平面構造をとるとすると，正十角形の内角

は 144°であるので, sp²混成状態の炭素がつくる結合角 120°とかなりの差があり, 大きな結合角ひずみをもつことになる. このため, 平面構造のシクロデカペンタエンは非常に不安定な分子となる. **1** は加熱をすると, 容易に **2** に変化する (図 7・2a). これは, 芳香族性の獲得による安定化よりも, 結合角ひずみによる不安定化の要素が上まわることによって起こったものである.

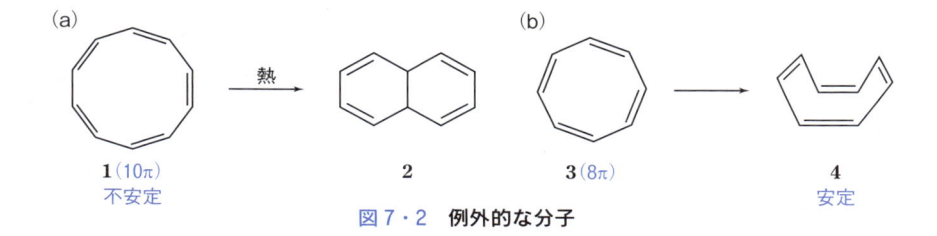

図 7・2 例外的な分子

1 (10π) 不安定 → **2**
3 (8π) → **4** 安定

また, シクロオクタテトラエン **3** は環内に 8 個の π 電子をもつので, **3** が平面構造をとれば, 反芳香族性を獲得する. ここで, 平面構造 **3** は, シクロデカペンタエンと同様の大きな結合角ひずみと, さらには水素原子の重なりによるねじれひずみをもつ. このため, シクロオクタテトラエンはこれらのひずみを解消させることを優先して, **3** の平面構造ではなく, より安定な **4** の桶形構造をとるようになる (図 7・2b). これは, シクロオクタテトラエンが平面構造ではなく, 立体的な構造をとることで, 反芳香族性の条件からはずれ, 安定な分子となったことを示している.

ねじれひずみについては 3 章参照.

以上のように, 例外的な分子も存在することがわかった. それでは, ヒュッケル則はどの程度適用できるのだろうか. 図 7・3 には π 電子数,

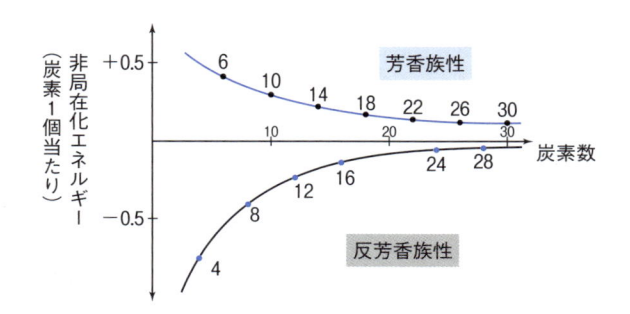

図 7・3 環の大きさと芳香族性および反芳香族性の関係

つまり環の大きさと，芳香族の安定度ならびに反芳香族の不安定度の関係を示したものである．これを見ると，明らかに環が大きくなるに従って，芳香族性と反芳香族性がともに減少し，両者の差が縮まっていることがわかる．このことは，環が大きくなると，π電子数によらず，ただの環状ポリオレフィンとしてふるまうようになることを示している．

2. 発　色

> **ポイント！**
> 有機分子の色がどのようなしくみで起こるのかを理解しよう．

私たちは，さまざまな色に囲まれて生活している．特に，有機分子はその多様な分子構造を反映して，多彩な色を呈する．ここでは，有機分子のもつ色がどのようにして生じるのかを見てみよう．

色と光の関係

赤いバラの花．赤く見えるのは昼の間だけで，漆黒の闇となった夜にはバラは赤く見えない．それどころか，バラそのものが見えなくなる．このことから赤という色は，バラ自身から発せられるのではなく，バラと光の相互作用によって生じたものであることがわかる．

まず，光について見てみよう．光は電磁波の一種であり，波長 λ（ラムダ）と振動数 ν（ニュー）をもっている．(7・1)式に示すように，波長と振動数の積が光速 c となる．

$$\lambda \cdot \nu = c \tag{7・1}$$

光はエネルギーをもっており，それは振動数 ν に比例する．

$$E = h\nu \tag{7・2}$$

ここで (7・1) 式を代入すると，エネルギー E は波長 λ に反比例することがわかる．

$$E = \frac{hc}{\lambda} \tag{7・3}$$

> h はプランク定数である．

図 7・4 は波長と光の関係を表したものである．ヒトが光として知覚できる電磁波は波長 400〜800 nm のものに限られる．これを **可視光線**（visible rays）という．これより短い波長のものは **紫外線**（ultraviolet rays）となり，目で見ることはできなくなる．一方，800 nm より長い波長のもの

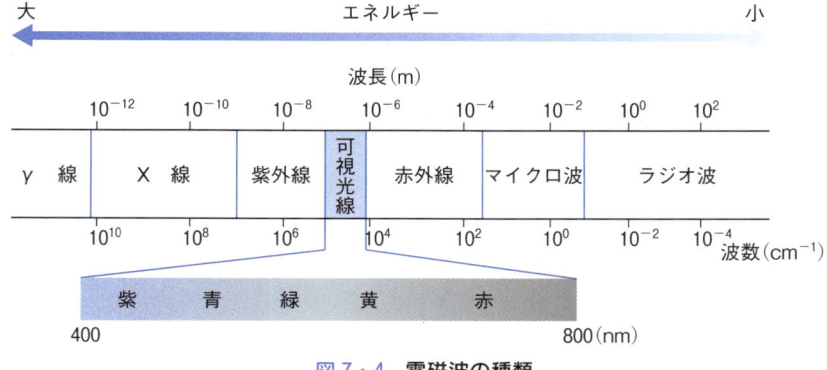

図7・4 電磁波の種類

は**赤外線**(infrared rays)となり,これも目で見ることはできない.

可視光線をプリズムで分光すると,光は波長によって色が変わり,波長の長いものから順に赤,橙,黄,緑,青,藍,紫と,虹の七色の順に並んでいることがわかる.そして,この七色の光をすべて混ぜ合わせると再び無色の光となる.

光吸収と色

バラの色が目に見えるしくみを考えてみよう.バラは自ら光を発して輝いているわけではないので,バラの色が見えるためには,光が必要となる.このとき,バラに照射された光の一部は吸収されるが,残りの光は反射されて目に届く.この届いた光の色がバラの色となるのである.

つまり,バラが赤色に見えるということは,バラから反射された光が赤色であることを示している.これは,可視光線から,ある色の光のみが吸収されて起こった現象である.このとき,吸収された光と反射された光は,**補色**(complementary color)の関係にある.そして,この関係は"色相環"によって示される(図7・5).

赤色は波長 650 nm 付近の光であり,その反対側にある波長 495 nm 付近の青緑色の光が補色となる.つまり,バラが赤く見えたのは,バラが青緑色の光を吸収したことによる.

物質がすべての色の光を吸収し,光をまったく反射しなかった場合には真っ黒に見える.一方,光をまったく吸収せず,すべて反射した場合には透明に見える.このとき,物質を構成する分子が不規則に並んでいれば光は乱反射されるので,白色に見える.

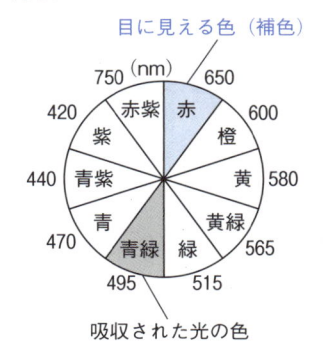

図7・5 色相環

補色どうしの光が合わされば,可視光線になる.

赤いバラに含まれる色素はシアニジンという分子である．

シアニジン（赤色）

また，近年話題になっている青いバラは，遺伝子組換え技術によって，青色の色素であるデルフィニジンを合成する遺伝子をバラの花に導入することで誕生したものである．

デルフィニジン（青色）

光吸収と電子遷移

ここで，バラが青緑色の光を吸収したというのは，実はバラの花に含まれている色素（有機分子）が青緑色の光を吸収したことを意味している．

分子に光が照射されたとき，その光のエネルギーを吸収するのはHOMOの電子である．HOMOの電子は光のエネルギーを吸収して，LUMOに遷移する（図7・6）．ここで，LUMOに電子をもつ高エネルギーの状態を **励起状態**（excited state）といい，それに対して，遷移するまえの状態を **基底状態**（ground state）という．

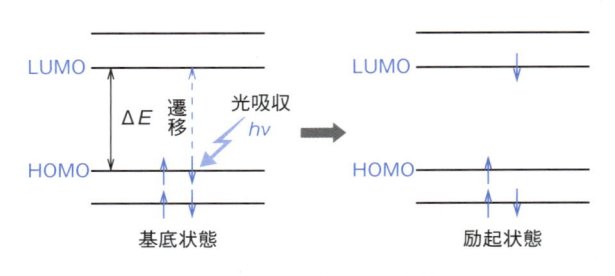

図7・6 光吸収と電子遷移

HOMOからLUMOへの遷移において，電子が吸収する光のエネルギーはHOMO–LUMO間のエネルギー差 ΔE に等しい．つまり，バラが赤色に見えるのは，ΔE の大きさに相当するエネルギーをもつ光が青緑色の光であり，バラに含まれる色素分子がこの青緑色の光を吸収し，その補色である赤色の光が反射されて，目に入ったからである．

共役系の光吸収

共役系と色には深い関係がある．直鎖状共役系のHOMO–LUMOエネルギー差 ΔE は，すでに5章で示したとおりである．すなわち，共役系が長くなるにつれて ΔE は小さくなる．このことは，共役系が長くなると波長の長い光（赤色系）を吸収し，その結果，青く（赤色の補色）見えることを意味する．

カロテンは二重結合が11個連続した分子であり，450 nm（青色）の光を吸収するので暗赤色を呈する（図7・7）．しかし，カロテンが酸化切断されて生じたビタミンAの二重結合は5個である．そのため，青より波長の短

β-カロテン　λmax 450 nm

ビタミンA　λmax 325 nm

図7・7　β-カロテンおよびビタミンAの構造と吸収極大波長

い紫外線（波長 325 nm）を吸収し，可視光線はほとんど吸収しないため，色も薄い黄色となる．

また，ベンゼン環が縮合した一群の分子では，二重結合が多くなると黄，橙，青と色相環の順序（左まわり）に従って，色が変化していることがわかる（図7・8）．

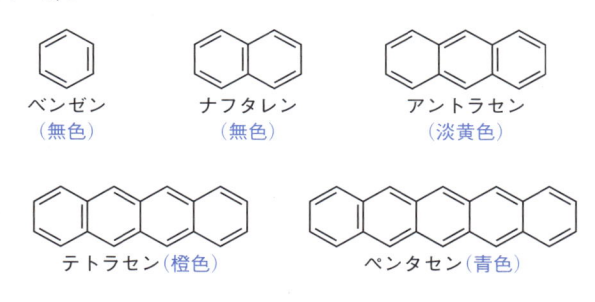

ベンゼン（無色）　ナフタレン（無色）　アントラセン（淡黄色）

テトラセン（橙色）　ペンタセン（青色）

図7・8　多環式芳香族化合物の色

ポイント!
共役系と色のかかわりは重要である．

3. 発　光

分子には自ら光を放出して**発光**（luminescence，ルミネセンス）するものがある．ここでは，分子が発光するしくみについて見てみよう．

発光と電子遷移

発色の場合とは逆に，励起状態の LUMO から HOMO へ電子が遷移し

ポイント!
有機分子の機能のうちで発光は重要であるので，そのしくみをしっかりと理解しよう．

光のエネルギーと波長の関係については，(7・3)式参照.

て基底状態に戻るときに，分子は余分のエネルギー ΔE を光として放出する（図 7・9）．これが発光である．したがって，発光する光の色は LUMO-HOMO 間のエネルギー差 ΔE によって決まる．ΔE が小さければ波長の長い（赤色系）光が，ΔE が大きければ波長の短い（青色系や紫外線）光が放出される．この場合，分子から発光された光の色がそのまま目に見える．

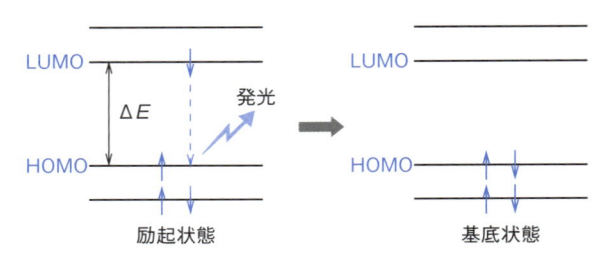

図 7・9　発光と電子遷移

蛍光とりん光

励起状態には二通りある．遷移した電子のスピン方向が保持された**励起一重項状態**（excited singlet state）と，遷移した電子のスピン方向が逆転した**励起三重項状態**（excited triplet state）である（図 7・10）．ここで，励起一重項状態から基底状態に電子が遷移するときに発する光を**蛍光**（fluorescence）という．また，分子によっては励起一重項状態から電子のスピンを反転させて，よりエネルギーの低い励起三重項状態になる場合がある．このような過程を**項間交差**（intersystem crossing）という．項間交差は一般に起こりにくい過程であり，また起こったとしてもゆっくりと進行する．

ここで，励起三重項状態から基底状態に電子が遷移するときに発する光を**りん光**（phosphorescence）という．特に，カルボニル基などをもつ有機分子では，項間交差がよく起こることが知られている．

蛍光の場合は一重項（励起状態）から一重項（基底状態）への遷移によるため，電子スピンの方向を反転させる必要がないので起こりやすい．しかし，りん光の場合は一重項（励起状態）から三重項（励起状態）への項間交差と，三重項（励起状態）から一重項（基底状態）への遷移によって，電子スピンの反転が 2 回ともなうので起こりにくい．そのため，蛍光はエ

電子スピンの方向の組合わせは"多重度" M で表すことができ，つぎの式で定義される．

$$M = 2\sum s + 1$$

ここで，s は電子のスピン方向を表す量子数である．

① ②

たとえば，①の場合，
$M = 2 \times \left\{\left(\frac{1}{2} - \frac{1}{2}\right) + \left(\frac{1}{2} - \frac{1}{2}\right) + \left(\frac{1}{2} - \frac{1}{2}\right)\right\} + 1 = 1$
となり，これは"一重項状態"に相当する．
一方，②の場合，
$M = 2 \times \left\{\left(\frac{1}{2} - \frac{1}{2}\right) + \left(\frac{1}{2} - \frac{1}{2}\right) + \left(\frac{1}{2} + \frac{1}{2}\right)\right\} + 1 = 3$
となり，これは"三重項状態"に相当する．

7. 物性と分子構造　127

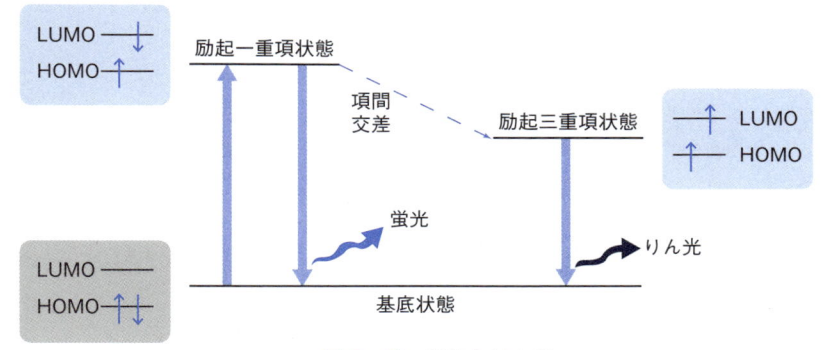

図7・10　蛍光とりん光

ネルギー吸収（光吸収）から発光まで $10^{-9} \sim 10^{-5}$ 秒程度であるのに対して，りん光では $10^{-3} \sim 10$ 秒程度の時間がかかる．

有機 EL

　有機 EL は有機分子による発光を利用したものであり，ディスプレイなどさまざまな方面での応用が期待されている．

　有機 EL の基本的な構造は，金属電極と透明電極の間に，正孔（ホール）輸送層，発光層，電子輸送層がはさまれたものである（図7・11a）．発光層には有機色素が使用され，これらの分子はその構造に特有の色を発光することができる（図7・11b）．

EL はエレクトロルミネセンス（electro luminescence）の略であり，電場により発光する現象をさす．

有機色素の構造は多様であるが，金属を含む錯体や共役分子が用いられる．共役分子では，青色のものは共役が長く，赤色のものは共役が短い傾向がある．

発光層の有機色素が電子輸送層の役割を兼ねる場合も多い．

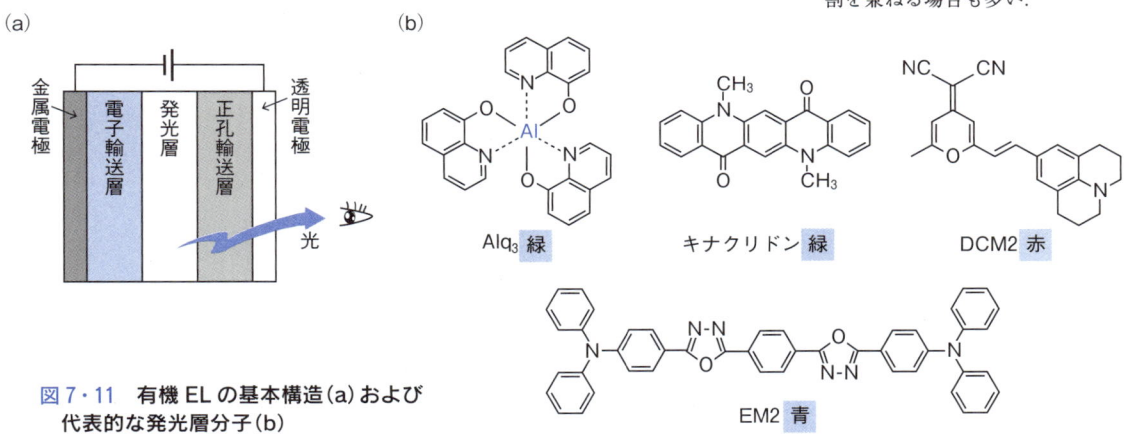

図7・11　有機 EL の基本構造(a) および代表的な発光層分子(b)

身のまわりにおける発光現象

原子や分子を発光させるためには，エネルギーを与えて励起状態にする必要がある．そのためのエネルギーには，いろいろな形態がある．

水銀灯やナトリウムランプでは，これらの蒸気中で放電を行い，移動する電子と原子が衝突することで発光する．これは，電気エネルギーによる発光である．蛍光灯はガラス管内部に封入された水銀原子に電子を衝突させることで紫外線が発生し，これがガラス管内部に塗布された蛍光物質に照射されることで，光を放射する．これは，光エネルギーによる発光である．

一方，化学反応のエネルギーを用いたものが**化学発光**（chemiluminescence）である．犯罪捜査において，血痕の検出に利用されるルミノール反応は化学発光の例である．ルミノールは過酸化水素を用いて酸化すると励起一重項状態を形成し，これが基底状態に戻るときに青白い蛍光を発する（図1a）．この反応は血液中に存在するヘモグロビンのヘムによって促進される．

ホタルの光はルシフェリンという分子がルシフェラーゼというタンパク質（酵素）の作用によって励起状態をつくり，これが基底状態に戻るときに発光が起こったものである（図1b）．これを**生物発光**（bioluminescence）という．生物発光は基本的には化学発光と同じ原理である．

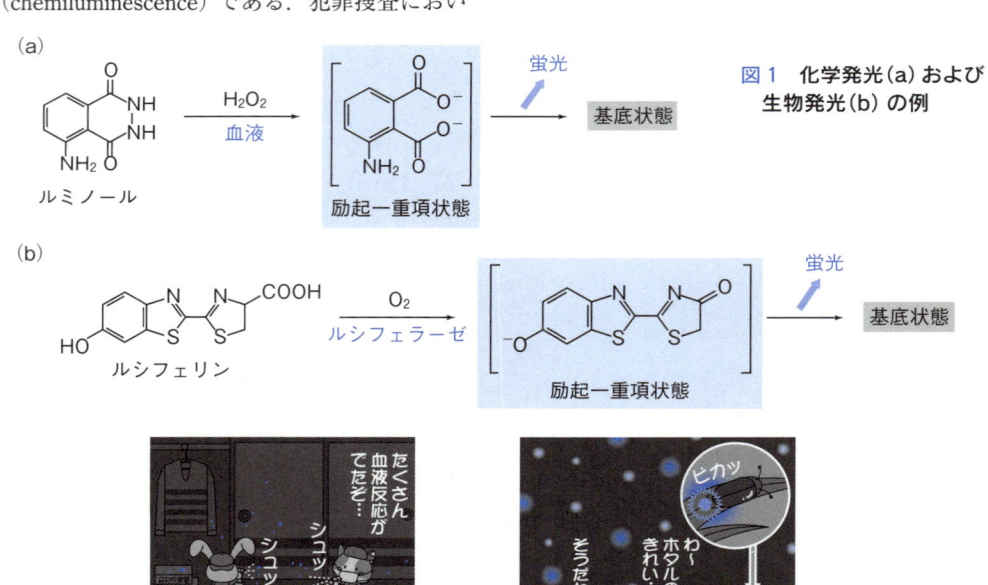

図1 化学発光（a）および生物発光（b）の例

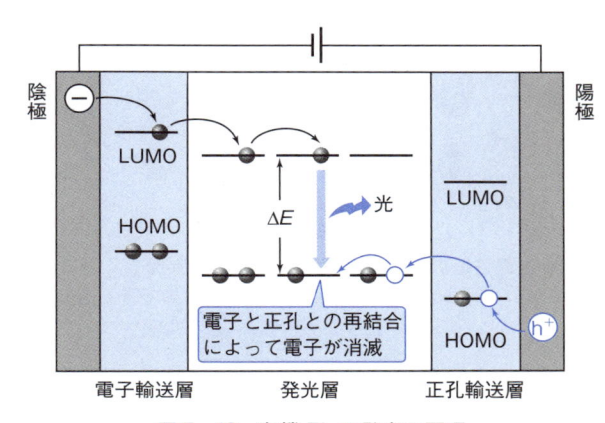

7. 物性と分子構造　　129

図 7・12　有機 EL の発光の原理

半導体（図 7・15 参照）では温度が上がると，価電子帯の電子の一部が伝導帯に励起する．その電子が伝導帯を移動することで電気が流れる．ここで電子が抜けた価電子帯では，正電荷をもつ粒子，すなわち"正孔"が生成したと見ることもできる．この正孔が価電子帯を移動すれば，電気が流れる．正孔は水中から浮き上がる泡に例えることができる．水（電子）の存在しない部分が泡（正孔）あり，実際は水が逆向きに流れて，泡が浮き上がるように見える．つまり，水（電子）と泡（正孔）は逆向きに流れるのである．

つぎに，有機 EL の発光原理を簡単に見てみよう（図 7・12）．有機 EL も HOMO と LUMO との間の電子遷移で説明できる．陰極から注入された電子は電子輸送層の LUMO に入り，さらに少しエネルギーの低い発光層の LUMO に移動する．一方，陽極から注入された正孔は正孔輸送層に入り，さらに少しエネルギーの高い発光層の HOMO に移動する．この発光層は励起状態に相当するために，LUMO から HOMO への電子の移動が起こる．このとき，HOMO-LUMO 間のエネルギー差 ΔE に相当する光を発する．

発光層の HOMO において電子と正孔が結合し，電子は消滅する．

4. 有機超伝導体

かつて，有機分子は電気を通さないというのが常識であったが，いまでは電気を通す有機分子が数多く見いだされている．さらには，電気抵抗がゼロになる**有機超伝導体**（organic superconductor）も出現している．これらの新しい物性は分子間相互作用によって獲得されたものである．

ポイント！
有機分子がどのようにして新しい物性を獲得したのかを見てみよう．

電気伝導性

物質を電気伝導性という観点から，電気を通す良導体，電気を通さない絶縁体，その中間の半導体に分けられる．

図 7・13 は金属の電気伝導の模式図である．金属は金属結合で成り立ち，

良導体の代表的なものは金属であり，絶縁体にはガラス，ダイヤモンドなどがあり，半導体の代表的なものにはシリコンやゲルマニウムなどがある．

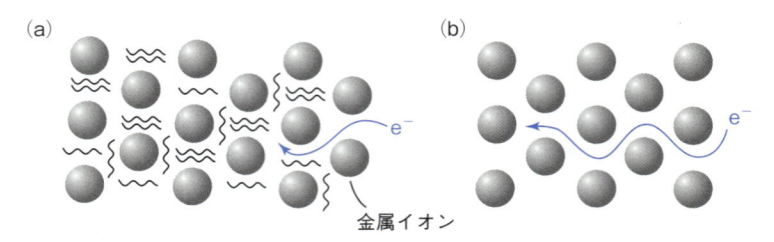

図 7・13　熱振動と電気抵抗．(a)高温になると熱振動が激しくなるので電気抵抗は大きくなり，(b)低温になると熱振動が抑えられるので電気抵抗は小さくなる．

自由電子をもっている．金属の電気伝導性はこの自由電子の移動による．したがって，自由電子が金属イオン間を移動しやすければ電気伝導率は高くなり，その反対ならば低くなる．ここで，自由電子の移動を妨げるものに，金属イオンの熱振動がある．熱振動が激しければ電子は移動しにくくなり，熱振動は温度が高くなれば激しくなる．

　この結果，金属の電気伝導率は温度が低くなるほど上昇する．あるいは，電気抵抗は温度が低くなるほど下降するといえる．図 7・14 は温度とそれらの関係を表したものである．ここで，ある種の物質では特定の温度になると，急激に電気抵抗がゼロ，すなわち電気伝導率が無限大になる現象が起こる．このような状態を**超伝導**（superconductivity）といい，超伝導を示す温度を**臨界温度**（critical temperature）T_c という．

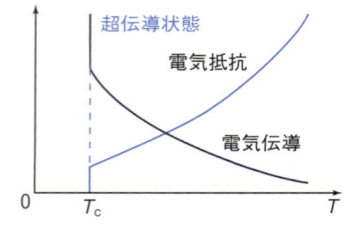

図 7・14　金属の電気伝導性と温度の関係

金属結晶において原子が 1 mol 存在すれば，エネルギー準位はアボガドロ数（$6×10^{23}$）個存在する．

電気伝導のしくみ

　すでに 5 章で，原子軌道どうしが相互作用して分子軌道ができるとき，n 個の原子が相互作用すれば，結合性と反結合性のエネルギー準位が合わせて n 個できることを見た．このため，無数の原子からなる金属結晶では無数のエネルギー準位が存在し，それらの間隔は非常に小さくなり，最終的には無数のエネルギー準位が集まったエネルギー帯（バンド）を形成する．

　ここで，結合性分子軌道のバンドを**価電子帯**（valence bond），反結合性分子軌道のバンドを**伝導帯**（conduction band）という．価電子帯は電子で一杯になっているが，伝導帯は空になっている．図 7・15(a) に示したように，金属では価電子帯と伝導帯のエネルギー差がゼロ（$\Delta E = 0$）となって

ポイント！
物質の電気伝導性はバンド構造で説明できる．

おり，電場をかけると電子が価電子帯から伝導帯に移動することができるため，電気が流れる．一方，絶縁体（有機分子）ではHOMOとLUMOの間にエネルギー差ΔEがあるので（図7・15b），電子が価電子帯から伝導帯に移動するために大きなエネルギーが必要であり，電気は流れない．

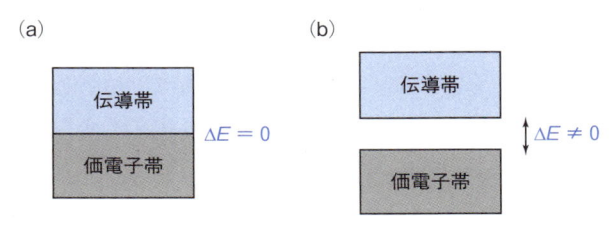

図7・15 バンド構造．(a) 金属，(b) 絶縁体および半導体
（ただし ΔE の値は絶縁体 > 半導体）

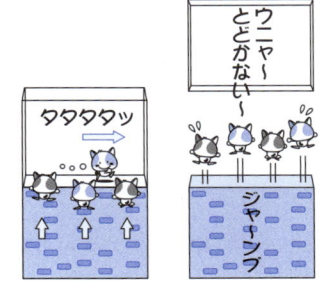

電荷移動錯体

そこで，有機分子の結晶に電気伝導性をもたせるために考案された方法の一つとして，電荷移動錯体がある．その原理を図7・16に示した．電子供与体Dから電子受容体Aへ電子移動を行うと，Dの価電子帯の一部が空になり，Aの伝導帯の一部が電子で満たされる．このため，各バンド中にエネルギー差ΔEがゼロとなる面が生じる．この結果，金属同様に電荷移動錯体においても電気を流すことができる．

電荷移動錯体において電気伝導性をもたせるには，電子移動は分子1個あたり電子1個ではなく，0.5個程度であることが知られている．この詳細については他書を参照されたい．

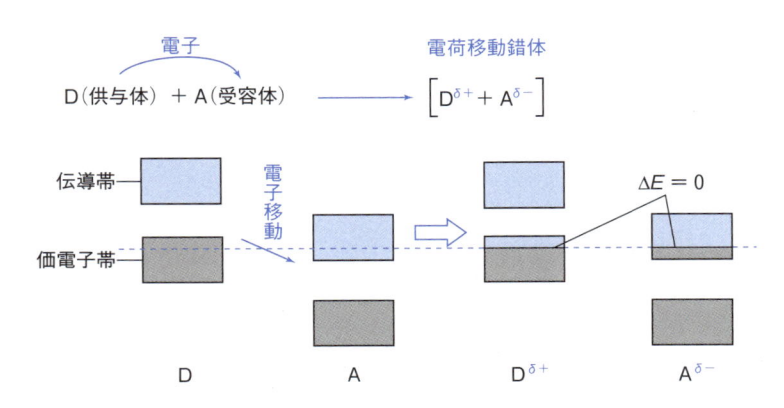

図7・16 電荷移動錯体における電気伝導性の原理

有機伝導体

電荷移動錯体の代表的なものとして，TTF-TCNQ 錯体があげられる（図7・17a）．この錯体は，最初に発見された有機伝導体として知られている．TTF は双環状分子であり，硫黄原子上の非共有電子対を入れると，分子全体として 14 個の π 電子をもち，両方の環にはそれぞれ 7 個の π 電子が存在することになる．ここで，両方の環から 1 個ずつ π 電子を取除くと，それぞれ 6 個の π 電子となって芳香族性を獲得し安定化する．そのため，TTF は電子を放出する性質をもつ電子供与体（D）としてふるまう．一方，TCNQ は電子求引基のニトリル基を 4 個もっており，電子を受取る電子受容体（A）として最適の分子である．

ここで TTF（$D^{\delta+}$）と TCNQ（$A^{\delta-}$）を用いて，それぞれが分離して積み重なった結晶構造を構築したところ，電気伝導性をもつことがわかった．この場合，電流は D 層中と A 層中をそれぞれ縦方向（一次元）に流れる（図7・17b）．

TTF-TCNQ 電荷移動錯体の結晶構造については図4・3を参照．

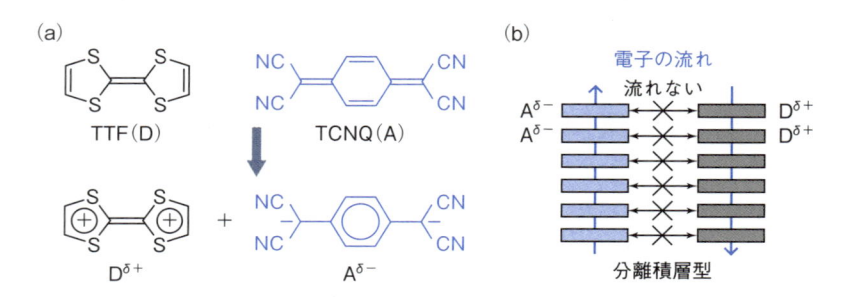

図7・17　電荷移動錯体．（a）TTF-TCNQ 錯体，（b）分離積層型構造と電子の流れ

パイエルス転移

TTF-TCNQ 電荷移動錯体の電気伝導性を調べてみると，図7・18のようになった．温度を下げていくと電気伝導率は上昇を続け，超伝導状態の出現が期待されたが，58 K 付近で急激に電気伝導率が低下し，最終的には絶縁体となってしまった．このような現象を**パイエルス転移**（Peierls transition）といい，電気が一方向にのみ流れる一次元伝導体では避けられない現象であることがわかった．

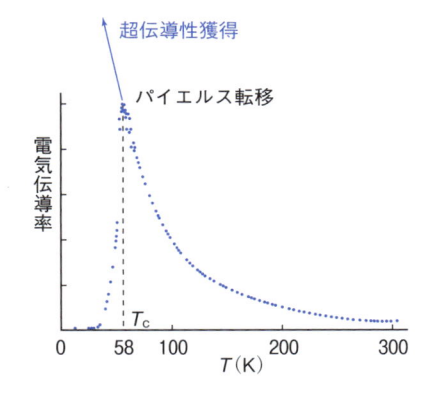

図7・18 TTF-TCNQ錯体の電気伝導率の変化

パイエルス転移によって電気伝導性を失う理由は,以下のように模式的に説明できる(図7・19).

DとAは共役分子であり,高温(T_c以上)では,結晶中の分子配列が均一であり,p軌道は等間隔であるので,π電子が分子全体に非局在化した完全共役構造をとる.そのため,無数のエネルギー準位が存在し,金属と同様に価電子帯(結合性分子軌道)と伝導帯(反結合性分子軌道)との間のエネルギー差 ΔE がゼロになる.

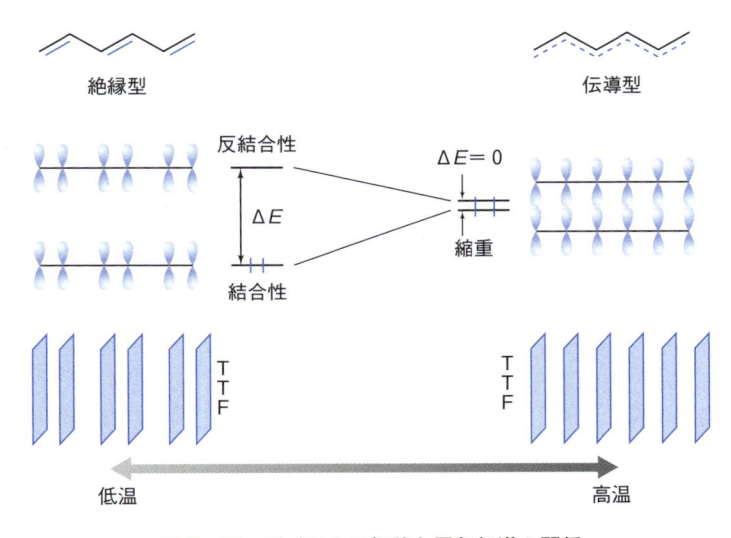

図7・19 パイエルス転移と電気伝導の関係

ところが低温（T_c 以下）になると，結晶中の分子配列に変化が生じるため，p 軌道は 2 個ずつ対をつくる．この状態はエチレンの π 結合と同じであり，π 電子が局在化した単結合と二重結合が交替した構造である．そのため，価電子帯と伝導帯との間にエネルギー差 ΔE が生じ，電子移動に障害が起こり，電流が流れなくなる．

有機超伝導体

このため，パイエルス転移を防いで，超伝導性を獲得するためには，電荷移動錯体における一次元の電気伝導性を二次元あるいは三次元にして，電子構造の次元性を高める必要がある．この目的のため，おもに二つの方法が考案されている．

これを"次元性の改良"という．

一つは，分子内にヘテロ原子を多数導入し，ヘテロ原子の非共有電子対を通じた軌道相互作用を増加させ，分子配列の変化を抑える方法である（図 7・20a）．これを"ヘテロ原子コンタクト"という．この方法によって，二次元の電気伝導性を獲得できる．

もう一つはフラーレンの応用である（図 7・20b）．フラーレンでは p 軌道が三次元的に存在しているので，このことを利用して三次元の電気伝導性を獲得できる．

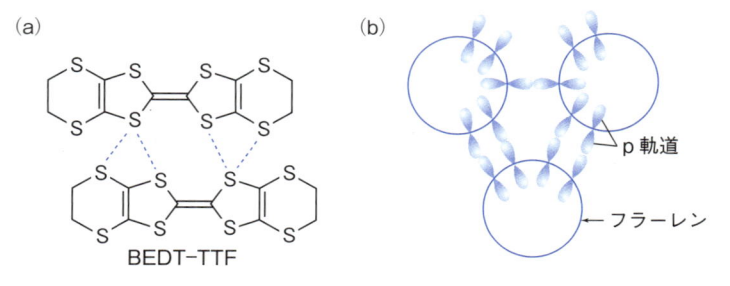

図 7・20　次元性の改良．(a) ヘテロ原子コンタクト，(b) フラーレンの三次元構造

臨界温度が常温付近であれば，より実用性が高くなる．現在，銅酸化物超伝導体では T_c が 150 K に達するものも見られる．フラーレンの T_c は銅酸化物よりかなり低い値であるが，銅酸化物を除く物質のなかでフラーレンを超えるものはあまり見られない．

有機超伝導体の多くは，電子供与体 $D^{\delta+}$（$\delta=0.5$）と無機アニオン X^- が分離積層した電荷移動塩の結晶である（図 7・21）．さらに，フラーレンは超伝導体として非常に有望であり，C_{60} にアルカリ金属を加えた K_3C_{60}（$T_c=18$ K），$RbCsC_{60}$（$T_c=33$ K），Cs_3C_{60}（$T_c=38$ K）などが知られている．

7. 物性と分子構造　　135

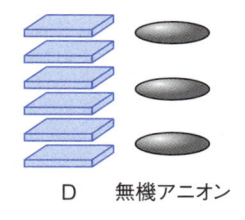

		組成比	臨界温度
TMTSF	・FSO$_2$	2：1	$T_c=3$ K
BEDT-TTF	・Cu(NCS)$_2$	2：1	$T_c=10.4$ K

図 7・21　有機超伝導体の例

5. 有機磁性体

磁性をもつ有機分子のことを**有機磁性体**(organic ferromagnet)という．磁性体とは簡単にいえば，磁石との間に力が働く物質のことをさす．かつては，有機分子に磁性をもたせることは難しいと考えられていたが，現在ではさまざまな有機磁性体がつくり出されている．

磁性の原因

磁性が発生する原因となるのは，**磁気モーメント**(magnetic moment)である．磁気モーメントは電子の軌道運動と電子のスピン（自転）により生じる（図 7・22a）．ここで，磁気モーメントの方向は電子のスピン方向によって決まる．したがって，図 7・22（b）に示すようにスピン方向が逆の電子対では，磁気モーメントの向きも逆になり，相殺してゼロになる．

図 7・23 は電子配置と磁性の関係を示したものである．同じスピン方向の不対電子が多く存在するほど，磁気モーメントの総和が大きくなり，強い磁性が発生することがわかる．一方，スピン方向の異なる電子が同じ数だけ存在する場合は磁気モーメントが相殺され，磁性はゼロになる．

有機分子は共有結合でできているので，分子中の電子は対になって存在している．そのため，一般に有機分子は磁性をもたない．

> **ポイント！**
> 有機分子が磁性をもつには，分子内に複数の不対電子をもち，しかもスピンの方向が同一である必要がある．

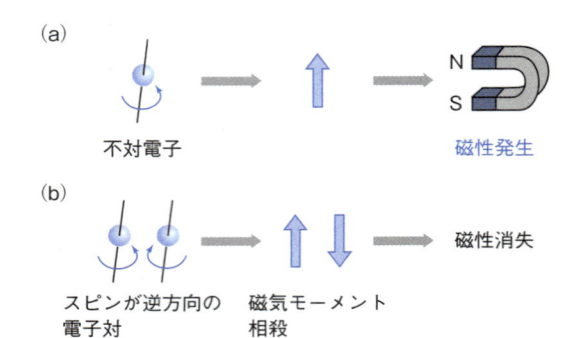

図 7・22 電子と磁性

図 7・23 電子配置と磁性の関係

磁 性 の 種 類

　磁気モーメントを生じても，その方向の組合わせによっては磁性が現れないこともある．図 7・24 は磁気モーメントの組合わせと磁性の関係を表したものである．

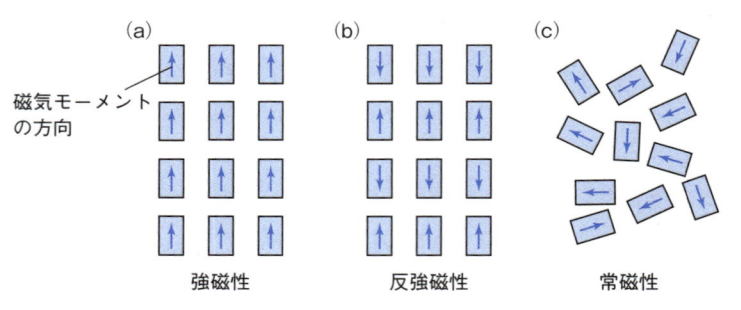

図 7・24 磁気モーメントの方向と磁性

(a) ではすべての磁気モーメントが同じ方向を向いている．したがって，全体では大きな磁気モーメントをもつことになる．これを**強磁性**（ferromagnetism）という．

それに対して，(b) では上向きの磁気モーメントと下向きの磁気モーメントが同数あるので，全体として磁気モーメントがゼロとなり，磁性をもたない．これを**反強磁性**（antiferromagnetism）という．しかし，このような物質は適当な条件下では，磁気モーメントの配列が崩れ，磁性が現れることがある．

(c) では磁気モーメントの方向がばらばらであり，全体としては磁性が現れない．しかし，近傍に強力な磁石があると，その磁性に応答して磁気モーメントが一方向にそろい，磁性が現れる．これを**常磁性**（paramagnetism）という．

常磁性体の例として，鉄や酸素がある．

有 機 磁 性 体

以上のことから，分子に磁気モーメントが生じるためには，不対電子をもてばよいことがわかる．

不対電子をもつ有機分子の典型的なものは**ラジカル**（radical）である（図7・25a）．ラジカルは不安定であるが，実際に磁性をもつことが知られている．さらに，磁性の強い有機分子をつくるには，1分子内に多くの不対電子をもつポリラジカルを合成すればよいことになる．

図 7・25 ラジカル (a) とカルベン (b)

さらに，不対電子をもつ有機分子には**カルベン**（carbene）がある（図7・25b）．カルベンは2価の炭素であり，2個の不対電子をもつ．しかし，カルベンの電子スピンには二通りある．一つは2個の電子の自転方向が反対方向になった一重項カルベンであり，これは磁気モーメントが相殺されるので非磁性体である．一方，電子スピンが同じ方向を向いている三重項カルベンは磁性をもつ．

このような三重項カルベン炭素を1分子内にを多数個もつポリカルベンも開発されている．

索　引

あ

アキシアル　50, 51
アクセプター　19
アセチレン　25
アダマンタン　30
アノマー効果　51
アミノ酸　14, 17, 55
アミン　32
アリル　39, 40, 92, 94, 95
　　——の分子軌道　92
R/S　56
アルカン　15, 16, 42, 43
アルキル基　39, 53, 66
アルケン　53, 112
アルコール　34, 43
アルデヒド　43
$RbCsC_{60}$　134
αヘリックス　17, 79
アレン　28
安息香酸　4, 17, 61, 62, 65, 76
アンチ　48
アンチクリナル　48
アンチ形配座　48, 49
アンチペリプラナー　48, 51
アンチペリプラナー効果　46, 47, 49
アントラセン　62, 125
アンモニア　31
アンモニウムイオン　32, 33

い

イオン結合　14
イオン性
　　共有結合の——　11
イオン選択性　69
いす形配座　49, 50

異性体　41, 42
位　相　109
　　軌道の——　86
位相立体異性体　58
位置異性体　42, 43
一次軌道相互作用　113
一重項カルベン　137, 138
一重項状態　126
イミダゾール　43
イミン　34, 35
色
　　多環式芳香族化合物の——　125
　　有機分子の——　122

え, お

永久双極子　13, 14
液晶　4, 59, 60, 62
エキソ体　112, 113
エクアトリアル　50, 51
s軌道　4, 5
sp混成　28
sp混成軌道　8, 9, 25
sp^3混成　30, 31, 33, 37, 38, 39
sp^3混成軌道　8, 9, 23, 24, 29, 32
sp^2混成　26, 27, 28, 31, 34, 37, 38, 39, 101
sp^2混成軌道　8, 9, 24, 35, 36
エタノール　14
エタン　44, 45, 46, 102
エチル基　50, 56
エチレン　24, 26, 28, 88, 91, 95, 96, 98, 99, 100, 101, 102, 110, 134
エチン　25
エーテル　43
エテン　24
エナンチオ異性体　53
エナンチオマー　41, 42, 52, 53, 54, 55, 56, 57
n軌道　93

エネルギー
　　エタンの立体配座異性体の——　45
　　水素原子からなる系の——　84
　　電子殻と軌道の——　5
　　電磁波の——　122
　　π電子水素結合の——　18
　　ブタンの立体配座異性体の——　47
　　分子軌道の——　86
エネルギー差
　　価電子帯と伝導帯の——　131, 133
　　HOMO-LUMO間の——　96, 124, 126, 129, 131
エネルギー準位　130
　　アリルの分子軌道の——　92
　　環状共役分子の——　98, 118
　　σ軌道およびπ軌道の——　87
　　ブタジエンの分子軌道の——　89, 90
　　二つの異なる原子軌道からなる分子軌道の——　87
　　ベンゼンの——　97
MO法　8
エリトロ形　56, 57
エレクトロルミネセンス　127
塩　基　106
エンタルピー　70
エンド体　112, 113, 114
エントロピー　70
オキシ基　43
オリンピアダン　77

か

会　合　16
回転異性体　45
化学発光　128
核異性体　43
重なり形配座　44, 45, 46, 47, 48
可視光線　122, 123, 125

索引

カテナン 58, 77
価電子 6, 103
価電子帯 129, 130, 131, 133
カーボンナノチューブ 30
カラム状液晶（カラミチック液晶） 63
カリックスアレーン 72
カルベン 137, 138
カルボアニオン 37, 38, 39
カルボカチオン 37, 38, 39
カルボキシ基 76
カルボニル化合物 105
カルボニル基 34, 43, 126
カロテン 124, 125
環異性体 43
環状エーテル 68
環状共役分子 27, 97, 117, 119, 120
　──のエネルギー準位 98, 118
環状分子 25, 27, 43, 52, 58, 69, 77
官能基 43
官能基異性体 42, 43

き，く

基質 104, 105
基底状態 83, 104, 124, 126, 127, 128
軌道 4
　──の形 5
軌道エネルギー 5, 37, 38, 85
軌道関数 86, 90
軌道相互作用 46, 47, 112, 113, 134
軌道対称性 107, 108, 109, 110, 111
ギブズ自由エネルギー 70
逆位相 86, 93, 108, 109
逆旋的回転 109
逆二分子膜 66
逆ベシクル 67
求核試薬 104, 105
求核性 105
吸収極大波長 125
求電子試薬 104, 105
求電子性 105
強磁性 136, 137
鏡像異性体 42, 53
共役系 124
共役ジエン 112
共役二重結合 25, 26, 27, 101, 102
共役分子 8, 25, 27, 89, 92, 97, 127
　──の分子軌道 95
共役ポリエン 94, 95, 96

共有結合 3, 6, 7, 12, 23, 30, 78
　──のイオン性 11
共有結合結晶 30
極性基 63
キラルネマチック液晶 64
金属
　──の電気伝導性 130
クラウンエーテル 68, 70
グラファイト 30
グラフェン 30
クリナル 48
グルコース 71
グルタミン酸 55
クーロン力 13, 14, 16

け，こ

蛍光 126, 127
ゲスト 68
結合異性 110, 111
結合エネルギー 10, 12, 88, 90, 119
結合角ひずみ 121
結合強度 102
結合次数 101, 102
結合性分子軌道 46, 84, 85, 86, 87, 89, 96, 97, 117, 118, 130, 133
結合長 10, 12, 102
結合分極 11
結合モーメント 11
結晶 59, 60
原子 4
原子核 4
原子価結合法 7, 8
原子軌道 5, 7, 8, 83, 84, 100, 101
五員環 31
光学異性体 54
光学活性 38, 39, 54
光学的性質
　エナンチオマーの── 54
項間交差 126, 127
高次フラーレン 31
酵素 79, 128
構造異性体 41, 42
ゴーシュ形配座 48, 49
ゴーシュ効果 49
骨格異性体 42, 43
コレステリック液晶 64
コレステロール 64, 68

混成軌道 3, 8, 9, 23
コンホマー 44
コンホメーション 44, 69, 77

さ

最外殻電子 6, 103
最高被占分子軌道 103
最低空分子軌道 104
細胞膜 67, 68
錯形成（生成）定数 70
錯形成反応 70
錯体 19, 68, 69, 72, 127
鎖状分子 42, 77
サーモトロピック液晶 64
酸 106
三員環 29, 52
三角錐形 32, 34
三重結合 10, 12, 23, 25
三重項カルベン 137, 138
三重項状態 126

し

C_{60} 30, 31, 62, 134
C_{70} 30, 31
1,3-ジアキシアル相互作用 50
ジアステレオ異性体 56
ジアステレオマー 41, 42, 51, 56, 57
シアニジン 124
Cs_3C_{60} 134
CNT 30
紫外線 122, 123, 128, 125, 126
色素 124, 127
色相環 123
磁気モーメント 135, 136, 137
σ軌道 46, 51, 87
σ*軌道 46, 51, 85
σ結合 8, 9, 10, 24, 25, 85, 108, 109
σ結合電子雲 10
σラジカル 39, 40
シクロオクタテトラエン 110, 121
シクロデカペンタエン 120, 121
シクロデキストリン 71, 77
シクロファン 69, 71
シクロブタジエニル 120
シクロブタジエン 110, 118, 119
シクロブテン 106

索引

シクロプロパン　29
シクロプロペニル　117, 118, 119, 120
シクロヘキサン　49, 50
シクロヘキセン　112
シクロヘプチン　25
シクロペンタジエニル　118, 119, 120
シクロペンタジエン　112, 113
シス形　52, 53, 107
シス効果　53
シス-トランス異性体　41, 42, 51, 52
磁　性　135, 136
七員環　25
脂肪酸　67
ジメチルエチレン　53
ジメチルシクロプロパン　52
試　薬　104
シャボン玉　67
集積型金属錯体　72
自由電子　130
縮重軌道　97, 98
受容体　56
常磁性　136, 137
ジラジカル　118, 119, 120
シン　48
シン-アンチ異性体　34, 35
シンクリナル　48
振動数　122
シンペリプラナー　48

す

水素結合　6, 12, 13, 16, 17, 18, 33, 34, 62, 65, 72, 76, 77, 79
水素分子　7, 84, 88
スタッキング　12, 13, 18, 19, 62, 63, 69, 77
スピン　6, 126, 135, 136
スメクチック液晶　64

せ，そ

正　孔　129
正孔輸送層　127, 129
正四面体形　9, 24, 30, 33
静電的相互作用　12, 13, 19, 62, 69
生物発光　128
生理作用
　　エナンチオマーの――　55, 56

赤外線　123
節　84
絶縁体　129, 131
セッケン　65, 66
遷移状態　112, 113, 114
旋　光　54
旋光度　55
選択性
　イオン――　69
　反応の――　99, 106, 107
双極子-双極子相互作用　63
疎水性相互作用　13, 20, 66
SOMO　104

た

対称関数　86, 90, 109
対称性軌道　93
対称面　56, 57
体心立方構造　60, 61
ダイヤモンド　30, 59, 129
多環式芳香族化合物　125
炭化水素　23
炭化水素鎖　63, 67
単結合　10, 12, 23, 24, 25, 44, 101, 102
炭　素
　　――の混成軌道　9
炭素陰イオン　37
炭素骨格　42
炭素陽イオン　37
タンパク質　4, 14, 68, 128
単分子膜　66

ち

置換基　43, 51, 109
超伝導　130
超分子　3, 4, 59, 73, 76
超分子液晶　65
超分子組織体　79
直鎖状共役分子　124
　奇数炭素系の――　92
　偶数炭素系の――　89
直鎖状共役ポリエン　94
直線形　9, 25

て，と

DNA　17, 19, 79
TMTSF　135
d 軌道　4, 5
TCNQ　62, 132
T 字型相互作用　18, 62
ディスコチック液晶　63
ディスコチックネマチック液晶　64
TTF　62, 132, 134, 135
TTF-TCNQ 錯体　61, 62, 132, 133
テトラシアノキノジメタン　62
テトラセン　125
テトラチアフルバレン　62
ディールス-アルダー反応　110, 111, 112, 113
デルフィニジン　124
電荷移動塩　134
電荷移動錯体　62, 131, 132
電荷移動相互作用　13, 16, 19, 46, 77
電荷分布　100, 101
電気陰性度　11, 13, 16, 34
電気抵抗　130
電気伝導率　130, 132, 133
電　子　4
電子移動　131
電子雲　4
電子殻　4, 5
電子求引基　39, 113, 132
電子供与基　39
電子供与体　13, 19, 131, 132, 134
電子構造　83, 117
電子受容体　13, 19, 131
電子状態　4, 99, 117
電子遷移　124, 126
電磁波　122, 123
電子配置　6, 88
電子密度　99, 100, 101
電子輸送層　127, 129
伝導帯　129, 130, 131, 133
デンドリマー　78
同位相　86, 93, 108, 109
銅酸化物超伝導体　134
同旋の回転　109
同素体　29
透明点　62, 63
透明電極　127
ドナー　19

な行

ドナー・アクセプター相互作用　19
ドライアイス　61
トランス形　52, 53, 107
トランス効果　53
トリアゾール　73
トレオ形　56, 57

ナフタレン　15, 62, 125
二酸化炭素　29, 61
二次軌道相互作用　113
二重結合　10, 12, 23, 24, 25, 52, 101, 102, 124, 125
二重らせん構造　17, 19, 79
二分子膜　66, 67
二面角　45
乳酸　54, 55
二量体　4, 17, 61, 62, 76
ねじれ角　45
ねじれ形配座　44, 45, 46, 47, 48
ねじれひずみ　45, 46, 121
熱反応　104, 107, 108, 109, 111
ネマチック液晶　64, 65

は

配位結合　6, 12, 13, 19, 32, 33, 34, 65, 73, 75, 106
配位子　73, 74
パイエルス転移　132, 133, 134
π軌道　87
π*軌道　85
π結合　8, 9, 10, 24, 25, 26, 27, 28, 30, 85, 88, 98, 108
π結合エネルギー　89, 90, 91, 98
π結合次数　101, 102
π結合電子雲　24, 25, 26, 27
配向力　13, 14, 15, 16
配座異性体　42
π電子エネルギー準位　96
π電子水素結合　18, 69
π電子密度　99, 100
ππスタッキング　13, 18, 19, 62, 63
πラジカル　39, 40
波長　122
発光　125, 126, 128
発光層　127, 129
発色　122
波動関数　7, 8, 83, 86
バナナ結合　29
パラジウム錯体　74
反強磁性　136, 137
反結合性分子軌道　46, 84, 85, 86, 87, 89, 96, 97, 117, 118, 130, 133
半占分子軌道　104
反対称関数　86, 90, 109
反対称性軌道　93
半導体　129, 131
バンド構造　96, 131
反応性
　分子の——　99, 103
反応性指数　99
反芳香族性　120, 121

ひ

BEDT　134, 135
光吸収　123, 124
光反応　104, 107, 108, 109, 111
p軌道　4, 5, 8, 24, 25, 26, 27, 28, 30, 31, 34, 35, 36, 85, 88, 89, 92, 108, 109, 134
非共有電子対　6, 13, 17, 19, 31, 32, 33, 34, 35, 36, 37, 51, 105, 106, 118
非局在化　26, 27, 89, 91, 113
非局在化エネルギー　91, 98, 99, 121
非局在π結合　35, 36, 89, 90, 92
　——の分子軌道エネルギー　94
非結合性分子軌道　93
ビタミンA　124, 125
ヒドラジン　49
ヒドロキシ基　43, 71, 72
ヒドロニウムイオン　34
ビピリジン　65, 74, 75
ヒュッケル則　35, 120
ピラゾール　43
ピリジン　35
ピロール　36

ふ

ファンデルワールス相互作用　12, 13, 15, 19, 30, 61, 62, 63, 66, 71, 72, 77
フィッシャー投影式　56, 57
VB法　8
フェノール環　72
付加環化反応　111
不斉炭素原子　38, 54, 56
ブタジエン　26, 95, 96, 98, 101, 102, 106, 107, 108, 109
　——の分子軌道　89, 90, 93
ブタジエン陰イオン　101
ブタン　47, 49
不対電子　6, 7, 39, 118, 135, 137, 138
物質の三態　59
物性
　有機分子の——　117
沸点
　アルカンの分子量と——の関係　16
2-ブテン　52
ブドウ糖　71
不飽和結合　10
不飽和炭化水素　23
フラーレン　30, 31, 62, 134
フルバレン　43
フロンティア軌道理論　108
フロンティア分子軌道　103, 107, 111
分極　11
分散力　13, 14, 15, 16
分子間相互作用　3, 4, 12, 13, 59, 77, 117, 129
分子軌道　7, 8, 83, 84, 100, 101
　——の組立て方　93
　アリルの——　92
　共役分子の——　95
　シクロペンタジエンと無水マレイン酸の——　113
　ブタジエンの——　89, 90, 93
　ヘキサトリエンの——　111
分子軌道エネルギー　95
　非局在π結合の——　94
分子軌道法　7, 8, 23, 99
分子結晶　59, 61, 62
分子シャトル　58, 77
分子スクエア　74, 75
分子内相互作用　47
分子認識　68
分子ネックレス　77
分子膜　20, 65, 66
分子ラック　75
分子量
　アルカンの——と沸点の関係　16
分離積層型構造　62, 132

へ

閉殻構造　6
閉環反応　106, 107, 108, 111
平衡定数　70
平面形　9, 25, 38
ヘキサトリエン　95
　――の分子軌道　111
ベシクル　67
β シート　17
ヘテロ原子　6, 13, 19, 23, 31, 34, 35, 43, 51, 53
ヘテロ原子コンタクト　134
ヘ　ム　79, 128
ヘモグロビン　19, 79, 128
ヘリウム　88
ヘリケート　74
ペリプラナー　48
偏　光　54
ベンジル　39, 40
ベンゼン　14, 15, 18, 26, 27, 61, 102, 117, 118, 119, 120, 125
　――のエネルギー準位　97
ベンゼン環　69
ベンゾシクロブタジエン　43
ペンタジエニル　95
ペンタセン　125

ほ

芳香環　13, 18, 19, 63
芳香族化合物　23, 25, 27, 97, 98, 117
芳香族性　27, 35, 36, 117, 120, 121
包接化合物　68
飽和結合　10
飽和炭化水素　23
補　色　123

ま 行

ホスト　68
ホスト-ゲスト錯体　4, 68
HOMO　96, 103, 105, 106, 108, 109, 113, 124, 129, 131
ポリカルベン　137, 138
ポリビピリジン　74
ポリラジカル　137
ホルミル基　43

ま 行

水分子　16, 33
ミセル　4, 20, 67

無極性分子　13, 14, 15
無水マレイン酸　112, 113

メソ化合物　56, 57
メタン　23, 24, 37
メチル基　39, 40, 47, 50, 52, 56
メチルシクロヘキサン　49, 50
メチレン基　69
メトキシ基　51
面心立方構造　60, 61, 62

や 行

有機 EL　127, 129
有機構造化学　3
有機色素　127
有機磁性体　135, 137
有機超伝導体　129, 134
有機伝導体　62, 132
有機分子　4
誘起力　13, 14, 15
誘電率　13, 14, 17

溶　媒　70

ら 行

ラジカル　39, 40, 92, 118, 119, 120, 137
ラセミ体　55
らせん構造　64, 74

リオトロピック液晶　64
立体異性体　41, 42, 58, 112
立体構造
　有機分子の――　41
立体選択性　112, 113
立体配座　44, 47
　――の命名法　48
立体配座異性体　41, 42, 44
立体配置　53
立体配置異性体　41, 42, 53, 56
立体反発　46, 53, 112
立体ひずみ　47, 50
立方最密充填　60, 61
両親媒性分子　20, 65, 66, 67
良導体　129
臨界温度　130
りん光　126, 127
リン脂質　67, 68

ルシフェリン　128
ルミネセンス　125
ルミノール反応　128
LUMO　96, 104, 105, 106, 108, 109, 113, 124, 129, 131

励起一重項状態　126, 127, 128
励起三重項状態　126, 127
励起状態　104, 124, 126, 128

六員環　31, 35, 51
ロタキサン　58, 77
六方最密充填　60, 61

齋藤　勝裕（さい とう かつ ひろ）
　　1945年　新潟県に生まれる
　　1974年　東北大学大学院理学研究科博士課程　修了
　　現　名古屋市立大学　特任教授，愛知学院大学　客員教授
　　名古屋工業大学名誉教授
　　専攻　有機物理化学，超分子化学
　　理 学 博 士

第1版　第1刷　2010年3月25日　発行

わかる有機化学シリーズ1
有 機 構 造 化 学

Ⓒ 2010

著　者　齋　藤　勝　裕
発 行 者　小　澤　美 奈 子
発　　行　株式会社　東京化学同人
東京都文京区千石3丁目36-7（〒112-0011）
電　話　03-3946-5311・FAX 03-3946-5316
URL：http://www.tkd-pbl.com/

印　刷　日本フィニッシュ株式会社
製　本　株式会社　松　岳　社

ISBN978-4-8079-1488-3
Printed in Japan

わかる有機化学シリーズ

1. 有 機 構 造 化 学 　　　　　齋 藤 勝 裕 著
2. 有 機 機 能 化 学 　　　　　齋藤勝裕・大月 穣 著
3. 有機スペクトル解析 　　　　齋 藤 勝 裕 著
4. 有 機 合 成 化 学 　　　　　齋藤勝裕・宮本美子 著
5. 有 機 立 体 化 学 　　　　　齋藤勝裕・奥山恵美 著